ヘンな名前の植物

ヘクソカズラは本当にくさいのか

藤井義晴

化学同人

ダーティー・ネーム&ビューティー・ネーム

ココメギク（右）：本当のハキダメギクはココメギクだった。
オオキンケイギク（左）：コスモスに似たきれいな花を咲かせるが、特定外来生物に指定されている。

セクシー・ネーム

イヌマキ（左上）：**サルノキンタマ**の別名がある。
チョウマメ（右上）：属名は女性性器を意味するギリシャ語より。
イボクサ（右下）：**ヨバイグサ**とも呼ばれる雑草。
チチクサ（左下）：乳液の出る植物。（左上から時計回りに）**ガガイモ**、**キキョウ**、**タケニグサ**、**クワ**。

提供：四季写彩 / PIXTA

ネガティブ・ネーム

コシロノセンダングサ（左）：**ドロボウグサ**とも呼ばれる外来種。
ノボロギク（下）：ヨーロッパ原産。花が咲いたあとに綿毛ができるが、ぼろ布のようには見えない。

ゴシック・ネーム

ヒガンバナ（右）：不吉なイメージが強いが食料にもなる有用植物。
シクラメン（左）：「死」「苦」を連想させる名前だが、和名は**ブタノマンジュウ**というヘンなもの。

デンジャラス・ネーム

（左から）**ドクゼリ**、**ハエドクソウ**、**オオハナウド**：毒があったり、けがの危険性がある。

ダブル・ネーム

動物の名前やほかの植物の名前が入った植物。

キツネノカミソリ(左上):ヒガンバナに近縁で有毒植物。

ノミノフスマ(左中):葉が小さいことから、ノミの布団〔衾(ふすま)〕の意味。

コミカンソウ(右中):枝の下にミカンのような実ができる。

ナガエコミカンソウ(左下):別名は**ブラジルコミカンソウ**。

ユキヤナギ(右下):ヤナギに似て水辺を好む

提供:image 3838 / PIXTA

ハッピー・ネーム

キチジョウソウ（右上）：幸福、繁栄を意味する吉祥は、仏典ではめでたいという意味がある。
ザクロの萼（右下）：ザクロは吉祥果とも呼ばれる。萼（がく）とは花の一番外側の部分。
コバンソウ（左）：実の形を小判に見立てた。明治時代に観賞用として持ち込まれたイネ科の外来植物。

番外編

モンキーポッドの花：モンキーポッドはマメ科の樹木。「この木なんの木気になる木」はこれ。ハワイの観光地にたくさん生えている。

はじめに

この本ではヘンな名前の植物について紹介します。おもに日本語の名前である和名を扱いますが、ヘンな学名や英語名についても紹介します。

和名には規則がない

植物の名前には世界共通の「学名」と、日本独自の「和名」があります。学名は科学研究用の名前で、その命名には研究者のあいだで決められた世界共通の規則があります。ラテン語で記載することになっており、一つの種に対して一つの学名と決められています。二つ以上の学名がついている植物もありますが、正式な名前以外の学名を「シノニム（同義語）」と呼び、正式には使われません。学名は「属名＋種名＋命名者」で表記することになっています。たとえばワサビ（山葵）は *Eutrema japonicum* (Miq.) Koidz. と表します。昔は *Wasabia japonica* (Miq.) Matsum. でしたが、*Wasabia* 属が廃止されたので、これはシノニムになっています。命名者の（　）は先に命名した人の名前で、ミクェル（Miq.）が命名したのを、松村任三（Matsum.）が変更し、さらに小泉源一（Koidz.）が変更したことがわかります。それで三番目の命名者も重要で、専門家が書かれた植物の本には記載があることが多いです。

一方、和名には命名規則はありません。分類上の慣習であって、きちんと決められていないのです。論文や生物学の本などで学術的に書くときはカタカナで表記することになっています。一つの植物に複数の和名が存在することもあります。このような場合、学名と一対一になるように調整した和名を「標準和名」といいます。しかし、この標準和名にも命名規約はなく、研究者のあいだの慣習で決まっています。また、外国の植物で、日本にまだ入ってきていない植物には和名がありません。

日本在来植物や古い帰化植物には、その形態や性質に基づいた伝統的な和名がついています。外国からやってきた新しい植物の場合、日本で最初に発見した人が和名を命名できます。たとえば、ハキダメギク（第1章参照）とオオイヌノフグリ（第2章参照）は、牧野富太郎さんが、明治時代に東京で発見して命名しています。

和名にはきちんとした規則はないといっても、慣習として先に発表された名前に優先権があります。たとえば、最近日本の牧草畑に侵入して雑草化している植物に、Yellow Nutsedge（*Cyperus esculentus* L.）という外来植物があります。英語名をそのまま直訳して「黄色いハマスゲ（浜菅）」すなわち、「キハマスゲ」と名づけられました。しかしその後、「ショクヨウガヤツリ」という先に発表された和名があることがわかりました。これが雑草学会で話題となり、雑草なのに

「ショクヨウガヤツリ」が標準和名として使われることになりました。エジプトではこの塊茎《かいけい》を食用にしていた有用植物であり、先についた和名なのでしかたありませんが、日本では牧草地などで防除が困難な雑草となって問題となっています。この植物には「作物型」と「雑草型」があるようです。雑草なのに「食用」という名前はヘンなので、日本で雑草化している雑草性の強いものは「キハマスゲ」という名前で呼んでもよいように思います。

このように、和名は自由度が高く、いろいろな別名や地方名もあれば、子供が遊びの中でつけたような名前や、なかには差別的な名前や聞いて恥ずかしい名前もあります。このような和名については、生物関係の学会で変更しようという動きがあります。たとえば、イザリウオはカエルアンコウ、メクラヘビはミミズヘビ、オオイヌノフグリはルリカラクサなど。しかしこのような動きを、「言葉狩り」として嫌う人もいます。差別的な言葉は、言葉自身が悪いのではなく、その言葉で示す内容に対して差別する行為がよくないので、差別を根本からなくすことが大事だという考えです。

雑草にも名前がある

ヘンな名前でも、名前があればまだマシで、道端に咲く花の名前は知られていません。〈戦争は知らない〉という一九七〇年代に流行したフォークソングがあります。寺山修司作詞、加藤ヒロシ作曲で、その冒頭で、「野に咲く花の名前は知らない」と歌われています。

野に咲く花の　名前は知らない
だけども野に咲く　花が好き
ぼうしにいっぱい　つみゆけば
なぜか涙が　涙が出るの

この歌は、第二次世界大戦で父が戦死し、父を知らずに育ち、苦労したが成人し、結婚しようとしている娘の、会ったことがない父への思いを歌っています。名前を知らない野に咲く花は、名もなき雑草のように戦争で死んだ父を指しています。

昭和天皇の「雑草という植物はない」というお言葉は有名ですが、この言葉のあとに、「どの草にも名前はある」といっておられます。戦後、那須の御用邸で、人手が足りず雑草の抜き取りが間に合わなかったので天皇に謝ったところ、「雑草という草はないんですよ。どの草にも名前はあるんです。そしてどの植物にも名前があって、それぞれ自分の好きな場所を選んで生を営んでいるんです。人間の一方的な考えで、これを切って掃除してはいけませんよ」といわれたというエピソードが、侍従だった入江相政さんの『宮中侍従物語』に出てきます。植物がお好きだった昭和天皇のお人柄が表れた言葉だと思います。

美智子皇后の愛読書として有名な、神谷美恵子さんの『生きがいについて』という本があります。その中に、「自分の生存は何かのため、またはだれかのために必要であるか。自分固有の生きて行く目標は何か。あるとすれば、それに忠実に生きているか」という問いかけがあり、その答えとして、「人間の存在意義は、その利用価値や有用性によるものではない。野に咲く花のように、ただ『無償に』存在しているひとにも存在理由がある」と書いておられます。人に勇気を与える言葉ですが、野原に咲く花も無償に存在しているのではなく、それぞれが必死に生きていると思います。

日本人は完成されたものを美しいとは思わない

日本人は古くから「判官贔屓（ほうがんびいき、はんがんびいき）」といわれるように、強くて勝ち残った人よりも、負けて消えていく人をひいきし、また、未完成なもの、不完全なものを好む性質があるようです。中国では偶数が好まれますが、日本では奇数が好まれ、アンバランスにも美を見いだします。完成し、頂点まで上りつめると、そのあとは下り坂になると考え、「日光の逆柱」のようにわざと一本だけ逆にして未完成にしています。日本人は完成されたものだけでなく、未完成なもの、成長しつつあるものにも美しさを感じるのです。

だから、日本には西洋にはない「道」の哲学があります。華道、茶道、香道、書道、剣道、柔道、合気道など、単に技術や技の習得を目的とするのではなく、その習得を通じて自己の精神の修練を行うことが重要な目的となっています。「道」は通過点に過ぎず、どこまでも続いていて果てがありません。常に道の途中にいて、どこまでも努力して高みをめざすのが「道」の精神なのです。

きれいはきたない、きたないはきれい

イギリスの文豪シェイクスピアは、雑草がきらいだったようで、とくに『ハムレット』には雑草は穢《きたな》い、という表現がたくさん出てきます。雑草の名前をたくさんあげていて、「いやらしい」とか「けがらわしい」と書いています。シェイクスピアの作品は、心を打つ名言の宝庫で、王様や貴族など上流階級の生活を題材にしているものが多いのですが、庶民的な雑草の名前にもくわしいことから、シェイクスピアは農民出身で農民や庶民のことをよく知っていたのではないかと思います。

『マクベス』に出てくるマクベス夫人の言葉「魚は食いたい、脚は濡らしたくないの猫そっくり。やってのけるぞの口の下から、やっぱりだめだの腰砕け。そんなふうにだらだらと一生をお過ごしになるおつもり」（福田恒存訳）は受験勉強を怠けがちな私を励ましてくれました。この『マクベス』の冒頭で、「きれいは穢い、穢いはきれい」ということを三人の魔女の言葉としていわせています。シェイクスピアの戯曲では、このような撞着《どうちゃく》語法《ごほう》がよく使われています。『ヴェニスの商人』の中にも、「外観は中身を裏切るものだ」として、うわべの美しい金の箱を選ばなかったバサーニオが求婚に成功します。悪役のはずのユダヤ人のシャイロックにも、ユダヤ人はキリスト教徒と違いはない、切れば血が出る同じ人間じゃないかと反論させており、シャイロックの悲劇

という見方もできる深さがあります。ヘンな名前のきたなく、けがらわしい雑草が、じつはきれいで清らかであるともいえます。

この本で紹介する「ヘンな名前の植物」は、見た目がきたなかったり、聞いて恥ずかしい名前だったり、臭《くさ》かったり、ちくちくしたりして、人間に嫌われ、さげすまれる存在かもしれません。しかし、名もない草にも存在意義があるなら、ヘンな名前の植物には、そのヘンな特性ゆえに、もっと可能性がありそうです。ヘンな名前の植物はどこか未完成なところがあり、発展途上で将来性がある植物です。そんな植物について紹介してみたいと思います。

ヘンな名前の植物●目次

はじめに　001

和名には規則がない／雑草にも名前がある／日本人は完成されたものを美しいとは思わない／きれいはきたない、きたないはきれい

第1章　ダーティー・ネーム&ビューティー・ネーム

1．きたない名前……020

ヘクソカズラ（屁屎葛）　021

ヘクソカズラは日本に古くからある雑草／ヘクソカズラの悪臭成分とその役割／ヘクソカズラの花は美しい

コラム①　「臭い」と「匂い」の違い――悪いにおいは良いにおいにもなる　026

ヘクソカズラ以外の臭い植物　028

ハキダメギク（掃溜菊）　030

コラム②　ゴミ捨て場に生える雑草から作物が生まれた　033

2. きれいな名前 034
ナデシコ（カワラナデシコ、河原撫子） 035
コスモス 038
コラム③ 帰化植物と外来植物、および史前帰化植物 040
サクラソウ（桜草、ニホンサクラソウ） 041
エーデルワイス 043

第2章 セクシー・ネーム

1. 生殖器官と関係のある名前 046
イヌノフグリ（犬の陰囊）、オオイヌノフグリ（大犬の陰囊） 047
イヌノフグリの命名者は牧野富太郎ではない／オオイヌノフグリは俳句の世界で人気者／オオイヌノフグリのおしべはおもしろい動きをする
ふぐり　いろいろ 053
コラム④ クリの花の青臭いにおいは精液のにおいに似ている 055
呼び合う草＝ヨバイグサ 056
いろいろなヨバイグサ／よばいの元の意味／呼び合い共存する植物

イチョウ（銀杏）　060
イチョウの英語名はセクシー／イチョウの成分は認知症防止効果で人気がある
チョウマメ（蝶豆）　065
コンニャク（蒟蒻、菎蒻）　067
コンニャクの学名もセクシー／ショクダイオオコンニャクの悪臭成分
コラム⑤　性の起源と「赤の女王」仮説　072
2．乳房や乳と関係した名前……074
イチゴ（苺）　075
イチゴの果実の形／イチゴの香気成分、抗菌成分
ツノナス　079
乳液を出す植物　081
チチウリ（パパイヤ）の成分と有効利用／クワの乳液の秘密

第3章　ネガティブ・ネーム
1．罵倒・誹謗中傷に関する名前……086
バカナスとキチガイナスビ　087

チョウセンアサガオ類と有毒成分 092
ブナ（山毛欅、橅、椈、柏） 095
シキミ（樒、櫁、梻） 098
クズ（葛） 103
クズはうらみ草／クズは日本から世界に広がり侵略的外来種となっている／クズを殺さない新しい防除法
コラム⑥ 恨みを耐え忍ぶことが争いをなくす 104
2. 虐待に関する名前 104
ママコノシリヌグイ（継子の尻拭い） 105
コラム⑦ 野生動物や健康な人はお尻を拭かなくてもよい 108
リュウゼツラン（竜舌蘭） 109
ヨメゴロシ（ヒョウタンボク） 112
3. 盗人・ドロボウに関する名前 114
ヌスビトハギの類 115
オナモミ、オオオナモミ 118
センダングサの類 120
イノコヅチ 122
4. 貧乏に関連する名前 124

ハルジオン（春紫苑）　125
ナズナ（薺）　126
ヤブガラシ（藪枯）　128
ボロギク（襤褸菊）　130

第4章　ゴシック・ネーム〜不吉な名前の植物〜

ヒガンバナ（死人花、シレイ、幽霊花）　135
全国各地に不吉な名前があるヒガンバナ／ヒガンバナのアレロパシーとその成分／ヒガンバナの真の意義は非常食料
コラム⑧　水田畦畔の役割とヒガンバナ　141
シクラメン（豚の饅頭）　142
シネラリア　144
アシ（葦）　145
アシは「悪し」に聞こえるのでヨシと言い換えた／アシは弱い植物ではない〜パスカルへの反論〜
ジゴクノカマノフタ（キランソウ、金瘡小草）　149
スベリヒユ（滑莧）　151

第5章　デンジャラス・ネーム

1．毒のある植物、毒があると疑われる植物……154
ドクゼリ（毒芹）　155
ドクウツギ（毒空木）　156
ハエドクソウ（蠅毒草）　157
ドクダミ（毒矯）　158
2．危険な植物……160
キョウチクトウ（夾竹桃）　161
オオハナウドの類　163
オオハナウド類の葉に触れると大やけどをする／ジャイアントホグウィードはブタクサではなくハナウドの仲間
アセビ（馬酔木）　167

第6章　ダブル・ネーム

1．動物の名前のついた植物……170

「ブタ」がつく植物 171
「イヌ」がつく植物 172
「ネコ」がつく植物 174
「キツネ」がつく植物 176
「シラミ」や「ノミ」がつく植物 178
シラミがつく植物／ノミがつく植物
ムカデシバ（センチピードグラス） 182
2. 他の植物の名前が入っている植物 184
コミカンソウ（小蜜柑草）、ナガエコミカンソウ（長柄小蜜柑草） 185
キュウリグサ（胡瓜草） 186
ユキヤナギ（雪柳） 188
第7章 ハッピー・ネーム〜めでたい名前の植物〜
富貴豆 193
富貴草（フッキソウ）、吉祥草（キチジョウソウ） 196
吉祥果＝ザクロ（石榴、柘榴、若榴） 198

小判草（コバンソウ） 200
キッソウ（吉草、纈草） 201

第8章　番外編

1．短い名前の植物 204
イ＝イグサ（藺） 205
エ＝エゴマ（荏胡麻） 207
オ＝カラムシ（苧麻） 208
シ＝ギシギシ（羊蹄） 209
チ＝チガヤ（茅） 210
ヒ＝ヒノキ（檜） 212
キ＝ネギ（葱） 214
長い名前の植物 217
コラム⑨「やまとことば」の秘密——日本人は短く小さいものが好き 218
2．意味不明な名前 220
キソウテンガイ（奇想天外）＝ウェルウィッチア 221

この木なんの木気になる木（モンキーポッド）　223

さいごに　人を楽にする植物ヒトラーク……225

あとがき　229

参考文献　231

ヘンな名前の植物一覧　244

カバー絵：佐藤勝昭（東京農工大学名誉教授／洋画家）
PushnovaL
装幀：上野かおる
本文イラスト：藤井素晴

JASRAC 出 1903516-901

第1章

ダーティー・ネーム&ビューティー・ネーム

においや生えている場所のせいで、かわいそうな名前をつけられた植物があってね。

ヘクソカズラ、ヨグソミネバリ、ハキダメギクとか？

そう。ひどい名前だけど、じつはきれいな花を咲かせる植物もある。

逆に、ナデシコ、コスモス、サクラソウみたいに、感じの良い名前もあるけど。

名前に惑わされないように。毒を持っていたりすることもあるから。

1

きたない名前

上品な紳士・淑女が口にするのもはばかられるような、きたない名前の植物があります。どうしてこんなかわいそうな名前がつけられたのだろうと思うような植物もあります。しかし、このような植物が必ずしもきたないとは限りません。きたない名前の植物の花が、目立たないけれど意外と美しかったり、人間に役立つ素晴らしい成分を含んでいたりすることがあります。

ヘクソカズラ（屁屎葛）

科 アカネ科
属 ヘクソカズラ属

Paedria scandens (Lour.) Mwrrill

日当たりの良い土手ややぶ、草地や道端などに生える多年草。七月から九月に白色と紅紫色の花を咲かせる。

ヘクソカズラは日本に古くからある雑草

ヘクソカズラは、へ（屁、おなら）と、くそ（糞、うんこ）というきたない名前が二つも入った、ヘンな名前のチャンピオンです。アカネ科の、茎が木化して太くなるつる性雑草で、道端のフェンスなど日本中いたるところに生えています。『万葉集』にも「屎葛（くそかずら）」という名前で詠まれており、昔から日本にあった植物です。

そうきょうに　延《は》ひおほとれる屎葛　絶ゆることなく宮仕えせむ
高宮王《たかみやのおおきみ》（『万葉集』巻一六・三八五五）

ヘクソカズラの葉と実

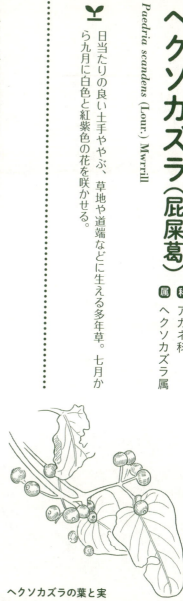

という歌があります。この意味は、「そうきょう（皂莢、ジャケツイバラ）に這いのぼり、まとわりついているヘクソカズラのように、ずっと絶えることなくいつまでも、宮仕えしたいものだ」というもので、奈良時代の公務員の宮仕えに関する決意が語られています。ジャケツイバラ（蛇穴茨）も、大型で多年生のマメ科のつる性植物で、どちらもきれいなイメージの植物ではありません。高宮王は名前から天皇の子孫あるいはそれにつながる高貴な人と思われますが、自分を臭いヘクソカズラになぞらえているところが謙虚です。

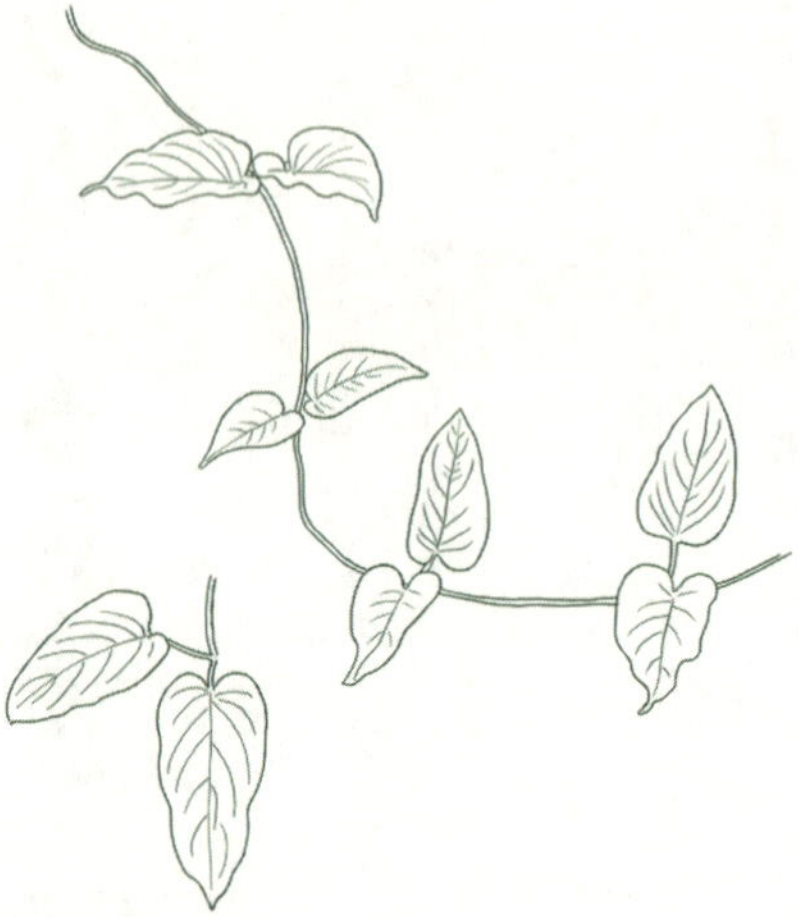

ヘクソカズラのつると葉

ヘクソカズラの悪臭成分とその役割

ヘクソカズラは、葉や果実を揉《も》むとおならや大便のようなにおいがするといわれています。しかしそのにおいは、現代人のおならや大便ほど臭くありません。もちろんそのにおいには個人差がありますが。ヘクソカズラの悪臭成分は、メチルメルカプタン（別名：メタンチオール）で、腐ったタマネギのにおいや口臭もこの物質です。ヘクソカズラにはこの物質の前駆体のペデロサイドが含まれており、これが酵素によって分解されて臭い物質が生成されます（図❶）。人間の嗅覚閾値《いきち》（どれだけ薄い濃度で感じられるかの尺度）が〇・〇二ppbと低く、ごく微量でも悪臭と感じます。しかし、青カビチーズ（ブルーチーズ（ゴルゴンゾーラ、ロックフォールなど））や白カビチーズ（カマンベールなど）のようなナチュラルチーズには微量のメチルメルカプタンが含まれており、特有の香りを特徴づける重要な役割を果たしています。メチルメルカプタンの代謝生成物であるジメチルジスルフィド、ジメチルトリスルフィド、S-メチルチオ酢酸などもチーズの香りとして重要であることがわかっています（図❷）。一般に、分子内にイオウ（S）や窒素（N）を含む化合物は臭いことが多く、肉や植物が腐ったときの悪臭として知られています。イオウ化合物が多く含まれるニンニクやネギ、タンパク質を多く含む肉を食べたあとのおならや大便が臭いのはそのためです。なお、スカンク

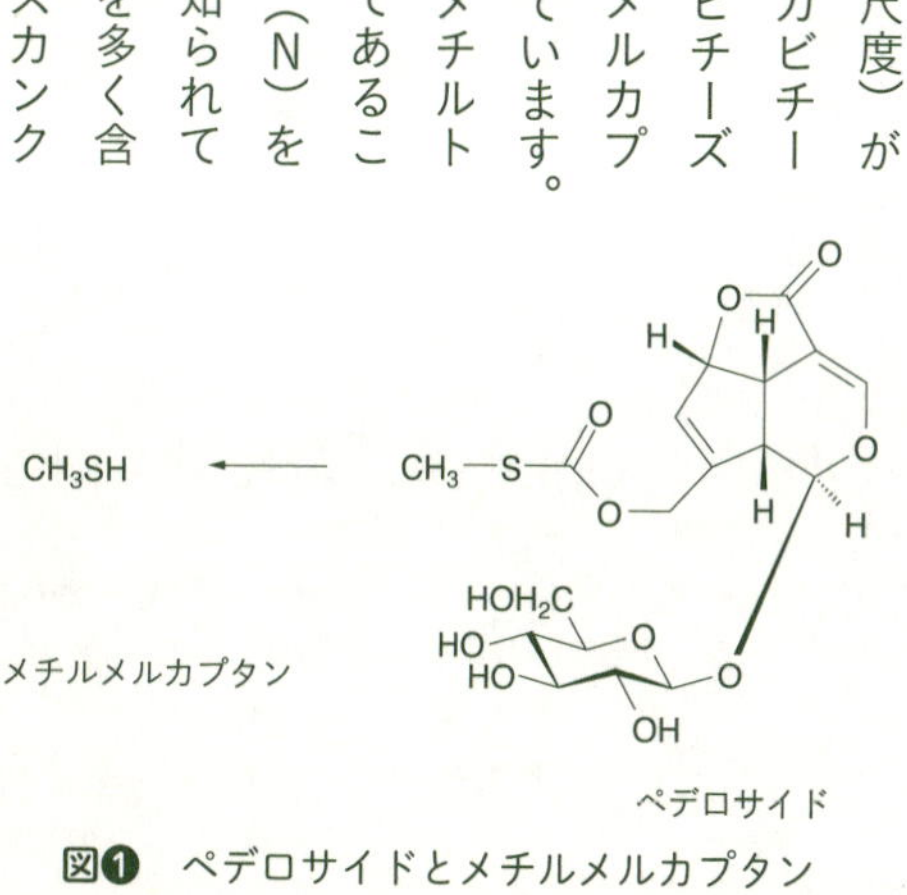

図❶　ペデロサイドとメチルメルカプタン

のおならの悪臭成分はブチルメルカプタンで、ヘクソカズラの成分とよく似た化合物です（図❷）。

ヘクソカズラのにおい成分の植物自身にとっての意義は、これを攻撃しようとする昆虫、微生物、他の植物から身を守る作用、すなわちアレロパシー*であると思われます。一九九二年に近畿大学の駒井功一郎らは、ヘクソカズラに含まれるペデロサイドには植物成育阻害活性があると日本雑草学会で発表しています。また、ペデロサイドから生成するメチルメルカプタンには、昆虫や微生物や動物を忌避する効果があるため、これらの成分を持つヘクソカズラは他の生物との競争上有利で、生き残ることができたと考えられます。しかし、蓼《たで》食う虫も好き好きという諺《ことわざ》があるように、臭いヘクソカズラを好んで食べる虫もいます。ホシホウジャク（星蜂雀）という蛾の幼虫（青虫）はヘクソカズラを食草にして好んで食べます。ヘクソカズラの毒を解毒できるように進化したものと思われます。このような関係を共進化といいます。

＊ **アレロパシー**：植物が生産する化学物質が、他の植物、昆虫、微生物などに、阻害・促進、あるいは何らかの作用を及ぼす現象。日本語では「他感作用」と訳され、作用する物質を「アレロケミカル」あるいは「他感物質」と呼ぶ。動物と違って動くことができない植物が、自分たちを守るために身につけた手段と考えられ、動物ではこのような現象は顕著ではない。植物の一種である微生物にはこのような作用があり、「抗生物質」として人間の病気を治すために貢献している。植物のアレロパシーも、農業や環境の維持・保全に利用できる可能性がある。

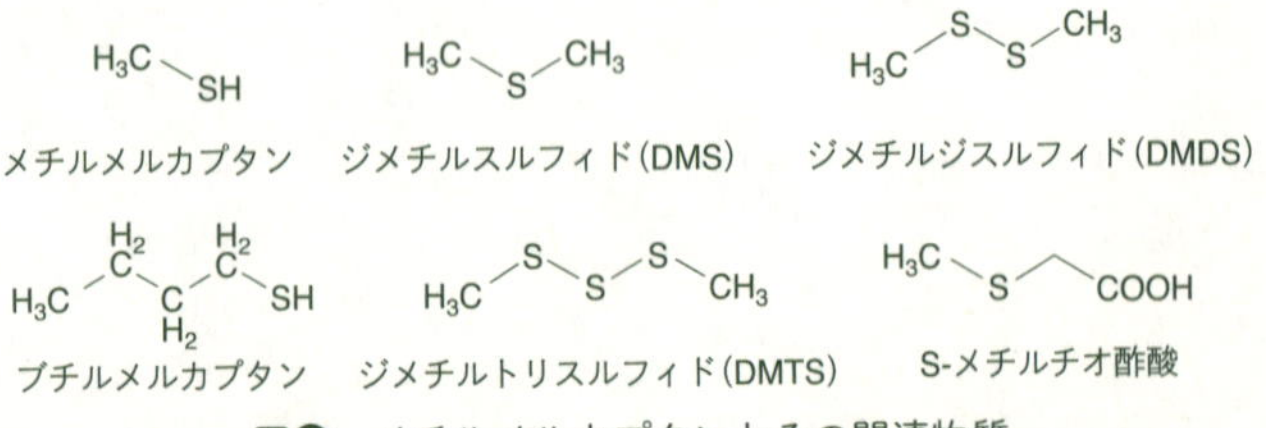

図❷ メチルメルカプタンとその関連物質

ヘクソカズラの花は美しい

ヘクソカズラは七〜九月に花を咲かせます。花弁は白色で、中心は紅紫色です。その色合いと形がお灸《きゅう》をすえた跡に似ているので、ヤイトバナ（灸花）の別名があります。また、サオトメバナ（早乙女花）というかわいい名前もあります。花を水に浮かべた姿が田植えをする娘（早乙女）のかぶる笠に似ていることにちなむといわれています。

「屁糞葛も花盛り」という諺があります。ヘンなにおいがあって好かれないヘクソカズラでも、愛らしい花をつける時期があるように、不器量な娘でも年頃になれば魅力があるという意味で、「鬼も十八番茶も出花」と似た表現です。

ヘクソカズラの花と葉

コラム①

「臭い」と「匂い」の違い
――悪いにおいは良いにおいにもなる

臭いと匂いについてよく混同されます。漢字では良いにおいを「匂い」、悪いにおいを「臭い」と区別することが多いです。「臭い」は「くさい」とも読みますね。英語でも、良いにおいは、aroma、perfume、scent、悪いにおいは、odor、stinkと区別しています。一般的にはsmellを中立的なにおいの表現とします。

時には匂いと臭いの使い分けが逆になっていることがあり気になります。たとえば、「薔薇の臭《にお》い」などと書かれると臭《くさ》いにおいなのかと感じ、「おならの匂い」と書かれていると、実はうっとりする芳香なのかなと連想してしまいます。

昔の日本人は米や麦類などの穀物と野菜が主食で、肉はほとんど食べませんでした。だから、そのおならや大便のにおいはそれほど悪臭ではなかったと思われます。

動物でも、ウシやウマ、ゾウやキリンなどの草食動物の糞はそれほど臭くありませんが、ライオンやトラなど肉食動物の糞はひどい悪臭です。

ライオンの糞のにおいを使って、シカやイノシシやサルを忌避しようとする研究があります。JR紀勢本線ではシカとの接触事故が多く、動物園から譲り受けたライオンの糞を線路沿いに撒いたところ接触事故が減ったとのことです。しかしライオンと接したことのないシカやイノシシがライオンの糞のにおいにおびえ嫌がるというのは不思議です。

肉食動物の糞の悪臭は、肉の主成分のタンパク質に多く含まれるトリプトファンが腸内細菌により分解されてできるスカトールやインドールが原因です（図❸）。スカトールのskato-はギリシャ語で糞を意味します。スカトールとインドールは糞便臭がしますが、薄めるとジャスミンのような良い香りになります。実際に天然のジャスミン油にはおよそ二・五％のインドールが含まれています。インドール、スカトールは消臭剤や高級な香水に添加されていることがあります。これらのにおいは人間に親しみを感じさせる成分なのです。ジーンズを染める青い色素のインジゴもインドール構造を持っており糞便臭がします。インジゴは、本来は藍染のアイ（藍）の成分ですが、現在はジーンズやデニムの染色にはほとんど合成インジゴが使われており、鼻が良い人は新品のジーンズやデニムの糞便臭が気になるようです。しかし、藍染のような植物由来の天然インジゴで染めた場合はほとんど臭くないことが知られています。天然藍に悪臭が少ないのは、含まれる不純物が悪臭を抑えているためではないかといわれています。

アイは、ベニバナ、アサと並んで江戸時代の日本の三大商品作物であり、阿波（徳島県）を中心に全国各地で栽培されていました。しかし合成インジゴの出現でアイの栽培は激減しました。インジゴがとれる植物は、タデ科のアイ以外に、マメ科のインドキアイ、アブラナ科のタイセイ（大青）、ハマタイセイ（浜大青）、キツネノマゴ科のリュウキュウアイ（琉球藍）などがあります。これらの天然色素は安価な合成のインジゴとの競争に負けて世界各地から消滅しそうになっています。しかし、天然の不純物を含むために打ち消し合って臭くないという特性を生かし、今後もその栽培が維持されることが望まれます。

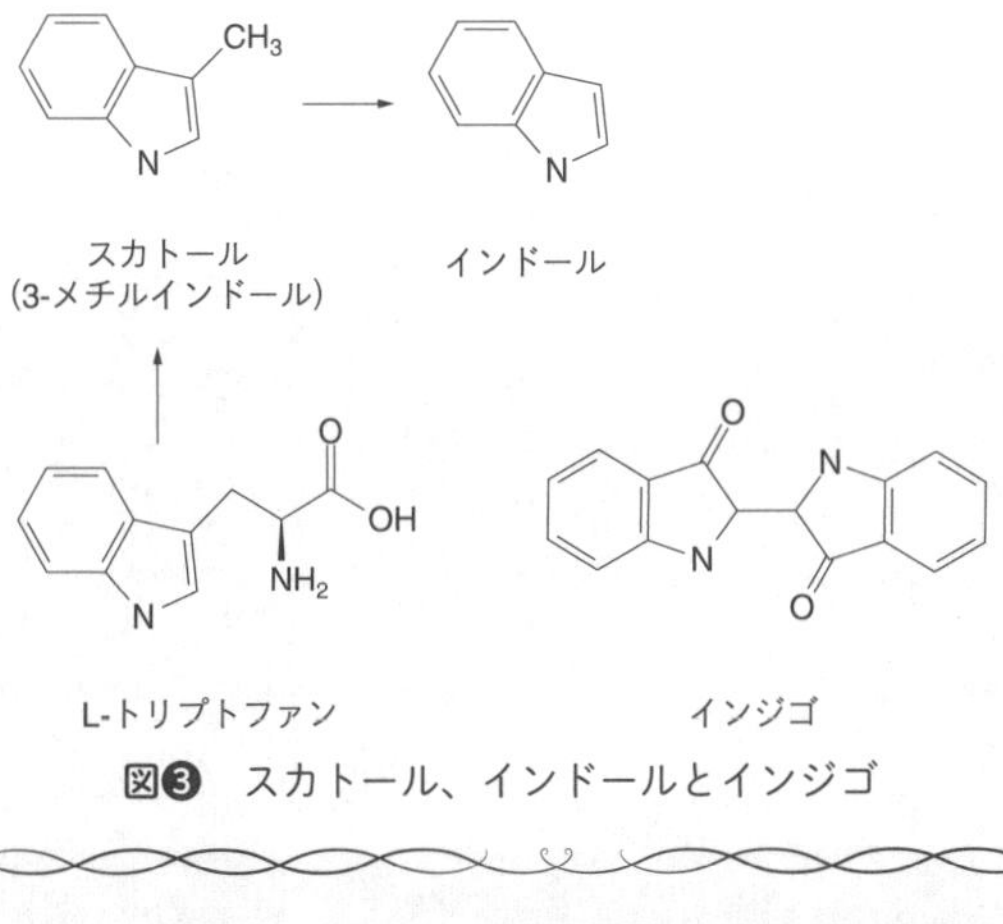

図❸　スカトール、インドールとインジゴ

ヘクソカズラ以外の臭い植物

ヘクソカズラ以外にも、きれいな花を咲かせたり、植物としてのイメージは良いのに、じつはけっこう臭い植物があります。

●ソバ（蕎麦）

ソバの花は白く可憐ですがけっこう臭く、アンモニア臭がします。ソバの畑の近くでは苦情がくることがあるようです。お蕎麦屋さんによくソバの花の写真が飾ってありますが、においを思い出すと微妙です。

●オミナエシ（女郎花）

オミナエシの花も美しいのですが、その花はたいへん臭く、「猫のおしっこのようなにおい」とも表現されます。このにおいもアンモニアです。中国名は「敗《はい》醤《しょう》」と呼ばれ、腐った醤油のにおいと表現されます。

●ユリ（百合）

ユリの花は豪華で美しく、日本には一五種もあり、そのうち七種は日本特産の種である日本を代表する花ですが、その香りは強烈で、飲食店や結婚式場など、食べ物を扱う場所では不評です。その香り成分はオシメン、リナロール、イソオイゲノール、安息香酸メチル、安息香酸エチルなどのフェノール性物質です。これらの物質はフェニルアラニンアンモニアリアーゼ（PAL）という酵素で生成することがわかっているので、この酵素の阻害剤を用いて香りを少なくする研究が、農林水産省花き研究所の大久保直美らの研究チームで行われ、実用性があることが確かめられています。

●アズサ（梓）＝ヨグソミネバリ

アズサは、現皇太子徳仁殿下のお印《しるし》で、*優雅でみやびな樹木です。別名を「ミズメ」といいます。樹皮を傷つけると、水のような油を出すためとされます。ところが、「ヨグソミネバリ（夜糞峰榛）」というとんでもない別名があります。アズサはサリチル酸メチルを多量に含み、夜糞とされるのはこのにおいのためとされています。しかし、サリチル酸メチルはそれほど悪臭ではなく、薄めるととても良いにおいです。昔の健康な人間の大便はそれほど臭くなく、爽快なにおいであったのかもしれません。なお、サリチル酸メチルは植物ホルモンであるサリチル酸の前駆体であり、植物の情報伝達物質として重要な物質です。強い植物成育阻害作用があり、明治大学の荒谷博らによって、アレロケミカルの本体であると報告されています。

●クサギ（臭木）

クサギは日本全国の日当たりの良い原野などによく見られるシソ科の木です。葉は大きく、柔らかくて薄く、柔らかい毛を密生します。葉に触ると異様なにおいがすることからクサギと名づけられました。昔はクマツヅラ科に入れられていましたが、現在はシソ科に移されています。悪臭とされる成分は、リナロールと安息香酸メチル、サリチル酸メチル、酢酸ベンジルなどで、ヨグソミネバリと似ています。これらの物質も、現代人にとっては悪臭と感じないもので、現代人の糞便のような不快なにおいではないようです。

●クソニンジン（糞人参）

二〇一五年に、中国人女性で当時無名だったト・ユウユウ（屠呦呦）さんがマラリアの特効薬アルテミシニンを抽出した業績でノーベル医学・生理学賞を受賞しました。その研究に用いられたのがクソニンジンというヘンな名前の植物です。セリ科でヨモギの仲間ですが、ニンジンに似た植物で全草に悪臭があるということで、クソニンジンと名づけられました。テルペン類を多く含み、精油成分として、アルテミシアケトン、アルテミシアアルコール、カリオフィレン、1，8-シネオール、ピネン、カンフェンなどの成分が知られています。しかし、これらのテルペン系物質の香りは強い香りではありますが、糞便のようなひどい悪臭ではないので、なぜ「くそ」なのか、なぜこのような和名がつけられたのかはよくわかりません。

＊**お印**：日本の皇族が身の回りの品などに用いる徽《き》章・シンボルマーク。昭和天皇は若竹、香淳皇后は桃、美智子皇后は白樺、雅子様はハマナス、愛子様はゴヨウツツジ、秋篠宮殿下は栂（ツガ、トガ）、紀子様はヒオウギアヤメ、眞子様はモッコウバラ、佳子様はゆうな（オオハマボウ）、悠仁様はコウヤマキなど、植物が使われることが多い。

ハキダメギク（掃溜菊）

科 キク科
属 コゴメギク属

Galinssago quadriradiata Ruiz et Pav.

道端や庭などに生える一年草。六月から一一月に、中心が黄色で、周囲に先が三つに分かれた舌のような形をした白い花を五個つける。

ハキダメギクは明治以降に日本に持ち込まれた外来植物で、牧野富太郎が東京・世田谷区経堂の掃き溜め（ハキダメ＝ゴミ捨て場）でこの花を見つけたのでハキダメギクと命名されたというエピソードは有名です。いろいろな本に書いてあり、ひどい名前の代表とされています。

ところが、この植物の原産地とされるブラジルのサンパウロ総合大学から東京農工大学にきていた女子留学生が東京・府中の大学農場でこの花を見つけ、ブラジルでは「金のボタン」という良い名前で呼ばれると教えてくれました。花は小さいのですが、よく見ると、周囲の五枚の白い舌状花と真中の黄色い筒状花は、金ボタンのように見えます。原産地ではハキダメギクは良い名前で呼ばれていたのです。

ハキダメギクの花

牧野さんは植物が大好きで、自らを「植物の精」であるといっています。そんな牧野さんが大好きな植物にひどい名前をつけるはずがありません。「掃き溜めに鶴」という諺があります。「ゴミ捨て場のようなきたないところに、その場所に似合わない美しいものが存在している」という意味です。牧野さんは、この諺を踏まえて、ゴミ捨て場のようなきたない場所に美しい花が咲いていると考えて命名したのだろうと思っていました。

ところが、古い『原色牧野日本植物図鑑Ⅲ』を調べたところ、*Galinsoga parviflora* Cay. がハキダメギクとして記載されており、コゴメギクのような図が掲載されています。新しくつくられた『新牧野日本植物図鑑』（北隆館）にはハキダメギクの項がなく、コゴメギクの追記に「本図は旧版でハキダメギクの図として掲載されたが誤りである」との記述があります。牧野さんがハキダメギクと命名したと思われている植物は、じつはいまコゴメギクと呼ばれている植物であり、現在ハキダメギクと呼ばれている植物ではなかったようです。

コゴメギクはハキダメギクの近縁種です。現在市街地でよく見かけるのはハキダメギクが多く、花はよく似ていますが、コゴメギクは白い舌状花が中心の筒状花に比べて小さくまばらで、ハキダメギクほど美しくありません。コゴメギクは、一九三二年に京都大学理学部の北村四郎が神戸市で採集し、報告されました。

コゴメギクは、花がハキダメギクよりも小さく、歯が抜けたような花をつけ、ハ

コゴメギクの花

キダメギクほど美しくないので、牧野さんは本当にゴミ捨て場の花と考えたのかもしれません。牧野さんは現在のハキダメギクを見ていなかった可能性があります。先につけられた和名を優先するルールに従うと、現在コゴメギクと呼ばれている植物を「ハキダメギク」と呼ぶべきであり、いまハキダメギクと呼ばれている植物には別の名前、たとえば「クンショウギク（勲章菊）」とか、「キンノボタン（金釦）」と呼ぶべきかもしれません。

このような事例があるので、牧野さんの植物図鑑を使っている方は注意が必要です。牧野さんはたくさんの植物を命名され多くの図鑑を発行されましたが、牧野さんのつけた学名の多くは現在ではシノニム（異名）になっています。現在の日本の植物の学名は、大井次三郎とそのお弟子さんの研究が主になっています。大井さんは京都大学農学部を卒業後、国立科学博物館の研究員になり一九五三年に、それまでに知られていた日本の植物を網羅した『日本植物誌』（のちの『新日本植物誌』）を刊行し、これが *Flora of Japan* として英訳されました。日本の植物の学名の命名者に Ohwi がついているのは大井さんが命名されたものです。

なお、ハキダメギクはたいへん繁殖力の強い植物のようで、現在は世界各地に分布しています。チベット・ラサの標高三六〇〇メートル以上にあるお寺の道端でも、モザンビークの内陸部の標高七五〇メートルにあるシモイオ〜ススンデンガの農村地域でも、ガーナの海岸に近い標高六〇メートルの首都アクラの道路端でも雑草化していました。世界中に分布を広げており、生命力の強さ、適応力の高さに驚かされます。

コラム②

ゴミ捨て場に生える雑草から作物が生まれた

「農業はゴミ捨て場から始まった」という仮説があります。一九八三年にホークスが唱えた説で、「人類は農業をする前は、魚を取ったり動物を狩猟したり森の木の実を集めて食料にしていた。人間が森を切り拓いて居住した空間は、陽当たりが良くなる。そこに人間が、動物や魚や果実などの食べ残しをまとめて捨てた『ゴミ捨て場』は土壌の窒素成分が増加し、土地が肥沃になる。このようなゴミ捨て場に、攪乱に強く、短時間で種子生産が可能な『生態的雑草性』を持った植物が生育するようになる。その種子や実が食べられることに気づいた人間がこれを栽培して食糧を生産するようになったのが『農業』の起源である」とする説です。中尾佐助の『栽培植物と農耕の起源』(岩波新書)の中にも、作物は身近な雑草から半栽培を経てつくりだされたと記載されています。

このような「生態的雑草性を持ち、作物に進化した植物」は、攪乱された土地に生育することができる植物であり、変動する環境に適応する能力が高い植物です。このようにして、エノコログサからアワ(粟)が、野生のヒエから雑穀のヒエ(稗)が、野生のキビ類からキビ(黍)が、シナダレスズメガヤからテフが*、メヒシバからアフリカで利用されるフォニオ、ライシャンが、ジョンソングラスからソルガムが、テオシントからトウモロコシが、ツルマメからダイズ(大豆)が生まれたと考えられています。ハキダメギクのようなゴミ捨て場に生える雑草は将来作物に進化する可能性があります。

＊ **テフ**：エチオピアでのみ食べられている穀物。五〇〇〇年前から食用にされ、現在でも主食の半分を占める。穀実はたいへん小さいが乳酸発酵させてエンジラというパンをつくる。このパンはスポンジ状で柔らかく、酸味があり、タンパク質含有量は約一三%もある。テフは、私たちの研究でアレロパシー活性が強いことがわかっており、栽培中に雑草害を受けにくいが連作は難しい。日本の河川敷で繁茂して雑草化し侵略的な外来植物として嫌われているシナダレスズメガヤや、道路に生えていて踏みつけにめっぽう強い雑草のカゼクサやニワホコリに近縁の植物である。

2

きれいな名前

きれいな名前の植物が必ずしもきれいでかよわいとは限りません。シェイクスピアの『マクベス』の冒頭に出てくる三人の魔女は「きれいは穢い、穢いはきれい……さあ飛んで行こう。霧のなか、汚れた空をかいくぐり」と歌っています。きれいな名前の植物の花が、案外地味だったり、毒があったりします。かよわいイメージの植物が、じつはたいへん強い植物だったり、本当は怖い植物だったりします。

ナデシコ（カワラナデシコ、河原撫子）

科 ナデシコ科
属 ナデシコ属

Dianthus superbus L. var. *longicalycinus* (Maxim.) F. N. Williams

日当たりの良い草原や河原、路傍や海岸の砂浜に生える多年草。六月から九月に先端が深く切れ込んだピンク色や白色の花を咲かせる。

ナデシコは「撫子」で、撫《な》でるようにかわいがる子の意味で、きれいな名前です。子供や女性にたとえられ、和歌にもたくさん詠まれました。

うるはしみ　我が思ふ君は　なでしこが　花になそへて　見れど飽かぬかも
大伴家持（『万葉集』巻二〇・四四五一）

また、『枕草子』には、「草の花はなでしこ、唐のはさらなり　やまともめでたし」と良い評価

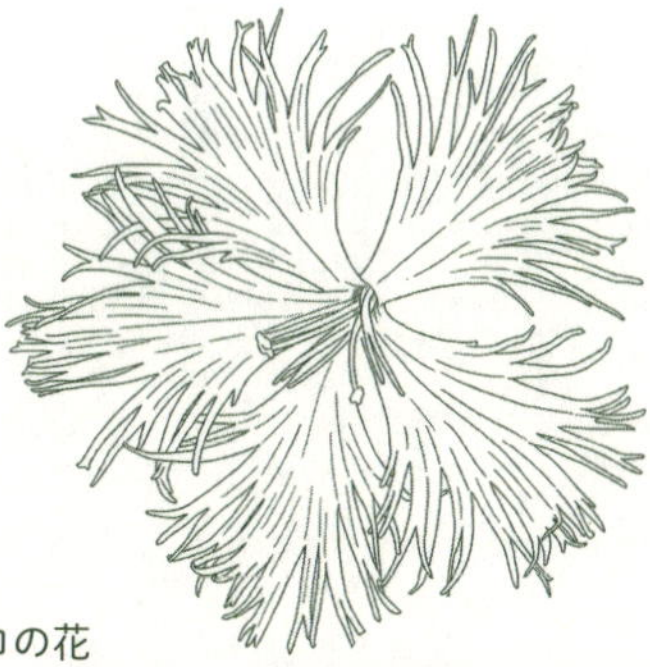

ナデシコの花

がなされています。古くから園芸種が多くあり、江戸時代にはナデシコの花合せ（品評会）がよく開催されていたとの記録があります。

ナデシコと呼ばれている植物の本名はカワラナデシコで、ナデシコ科ナデシコ属の多年草です。秋の七草の一つで、別名をヤマトナデシコともいいます。

大和撫子《やまとなでしこ》は、日本女性の美徳をたたえる言葉で、心の強さと清楚な美しさをそなえている女性像を意味します。

しかし、ナデシコは「か弱そう」に見えますが、じつはけっこう強い植物です。ナデシコ科は私たちの検定で、アレロパシー活性が強いことがわかっています。日本の女子サッカーチームの愛称は「なでしこジャパン」ですが、たいへん強く、まさに日本女子のやさしさと強さを表す名前としてふさわしいと思います。

日本在来のカワラナデシコが、外来種の影響などで減少しているという説があります。しかし、カワラナデシコは本来草原などの開けた環境を好む植物であり、これまで草原や山地、河原敷などを人間が草刈をすることで日当たりの良い環境を維持してきたために存続できた人里植物です。このような草刈が行われなくなったので個体数が減少したとの説が有力です。このような現象を「中規模攪乱説*」といい、人間による「人為的な攪乱」で維持してきた在来植物もあります。人間による里山などの管理が行われなくなると、カワラナデシコに代表される人間と密接な関係のある植物が自生地や個体数を減少させてしまうことになります。

なお、ナデシコ科の植物は、花は美しいのですが、その実はシラミに似ています。第6章で紹介しますが、キカシグサ、ノミノフスマ、ノミノツヅリなど、ノミ、シラミの名前がつけられた植物もナデシコ科です。

また、カーネーションはナデシコと同属で、オランダナデシコと呼ばれていました。英語名のCarnation は花の色が「肉の色（incarnation)」をしていることに由来するとされ、ちょっと怖いです。カワラナデシコと種間雑種ができることから、農水省の研究者らによって花持ち性の優れる優良な種間雑種が作成されています。

ムシトリナデシコ（虫取り撫子、別名ハエトリナデシコ）は、ナデシコ科の越年草で、茎の上部の葉の下に粘液を分泌する部分があり、ここに虫が付着して捕らえられることがあります。ヨーロッパ原産で、江戸時代に鑑賞用として移入されました。こぼれ種からよく生えることから道端や空き地で野生化し群生していることがあります。

＊ **中規模攪乱説**：環境的な攪乱（農耕などの人為攪乱も含む）が少ない場所では、その環境での競争力の強い生物種が生き残り、攪乱が多い場所では、攪乱に強い生物が生き残るため、いずれも生物多様性は低くなる。しかし中規模な攪乱のときには一番多くの生物種が生き残り、生物多様性が高くなるという説。

コスモス

科 キク科
属 コスモス属

***Cosmos bipinnatus* Cav.**

休耕田や庭園をお花畑にするために植えられることの多い一年草。九月頃にピンク・白・赤などの花を咲かせる。六月に咲く早生種もある。

コスモスは英語名（Cosmos）をそのまま訳したもので、キク科コスモス属の植物です。和名をオオハルシャギクといい、アキザクラ（秋桜）という別名もあります。コスモスには「宇宙」あるいは「調和」という意味があり、日本人に好かれている花です。すっかり日本の環境に馴染んでいますが、熱帯アメリカ原産で、日本には一八七九年に渡来した外来植物です。花が黄色〜オレンジ色のキバナコスモス、花が黒紫色のチョコレートコスモスはともに大正時代に渡来しています。

コスモスは花が美しいので多くの日本人に好まれています。しかし本来日本の生態系にはなかった植物です。在来種ではないのに、「秋桜」という日本らしい名前をつけられたため、在来種のように思われていています。花が美しいという観賞価値があるので、道端で雑草化していても咎《とが》めら

コスモスの花

れません。休耕田にこれを播種し、美化しようというのは悪いことではありませんが、雑草化のリスクも考えるべきではないかと思います。個人的にはレンゲやウマゴヤシやベッチなどマメ科の緑肥作物のほうが、窒素固定をして田畑の土を肥やす働きがあるので好きです。

キバナコスモスによく似た黄色い花を咲かせるオオキンケイギクという植物があります。花が美しいので少し前までは法面《のりめん》や河川敷の緑化に用いられ、オオキンケイギク祭りといった花いっぱい運動が行われました。しかし、繁殖力が強く在来の野草の生育を抑制することが懸念されるとして、二〇〇六年に外来生物法に基づく特定外来生物に指定され、栽培が禁止されました。播いた人には禁固刑を含む重い罰則があります。外来生物法に関しては賛否両論がありますが、きれいな花だからと安易に播くと、あとで雑草化して問題にされることがあります。

オオキンケイギクの花とつぼみ

コラム③

帰化植物と外来植物、および史前帰化植物

帰化植物とは、外国から持ち込まれ日本の環境に馴染んで普通に生育するようになった植物を意味します。

これまで外来生物の導入は緩やかでしたが、明治維新以降、とくに第二次世界大戦以降、新しく海外から入ってきた生物が指数関数的に増加しています。このような生物が日本の自然生態系や農業や人間の生活に悪い影響を及ぼすのではないかとの懸念から、これらの生物を「外来生物（外来植物）」と呼び、生態系や農業にリスクがないか気をつけようとする運動が盛んになっています。日本では二〇〇五年に「特定外来生物被害防止法」（略して外来生物法）という法律が、当時の環境大臣であった小池百合子さんの主導でつくられ、現在までに多くの動物や植物が、日本に悪影響を及ぼす可能性があるとして指定されています。私も「外来植物のリスク評価と蔓延防止策」という研究プロジェクトを実施しました。最近ますますこの取り組みが盛んになり、池の水を全部抜いて外来生物を殺したり、ニホンザルとタイワンザルの混血サルを殺したりしています。牧草として畜産に役立っていた草や、河川敷の法面の崩壊防止に利用されていたシナダレスズメガヤ（ウィーピングラブグラス）が、注意すべき外来生物リストに入れられた結果、種子販売が減少しています。

私は「帰化植物」という名前が好きで、日本の環境に馴染み、生態系に影響を与えない外来植物は帰化植物として受け入れてあげたいと考えます。農業は元来、外来生物を導入して食糧を生産する営みであり、新しい穀物、野菜、園芸作物を導入して食生活を豊かにし、安全で安心な食品を生産することは今後も重要です。

史前帰化植物という言葉は東京大学の前川文夫によって提案されました。文字で記録されるはるか前に、農耕技術の伝播にともなって人間によって持ち込まれた植物群を指します。現在の水田雑草、畑雑草の多くはこのような史前帰化植物と考えられています。

サクラソウ（桜草、ニホンサクラソウ）

Primula sieboldii E. Morren

科 サクラソウ科
属 サクラソウ属

高原の湿地や原野に生える多年草。群生することもある。四月にサクラの花に似た淡い紅色あるいは白色の花を咲かせる。

サクラソウはサクラソウ科サクラソウ属の多年草で、日本全土に生育する在来植物です。ニホンサクラソウともいいます。花弁が五個に分かれてサクラの花に似ているのでサクラソウと呼ばれますが、サクラとはまったく別種の植物です。花の色や形に変種ができやすい性質があり、江戸時代に数百の園芸品種がつくられ、熱狂的なブームがありました。投機的にも使われたようです。現在も約三〇〇種の品種があり多彩な色や形があります。一方、ヨーロッパにもいろいろなサクラソウ属植物があり、園芸店で「サクラソウ」として売られている植物として、プリムラ・ポリアンサ（セイヨウサクラソウ）、プリムラ・マラコイデス（オトメザクラ）、プリムラ・オブ

サクラソウの葉と花

コニカ（トキワザクラ）などが有名です。
　ニホンサクラソウは、本来林の中の湿った場所や原野の草の中に生え、ときには群生して見栄えがする群落をつくります。埼玉県さいたま市桜区の「田島ケ原サクラソウ自生地」は国の特別天然記念物に指定されている貴重な群落です。江戸時代からサクラソウの群落があり有名でした。しかし川の治水工事が行われ、周辺が開発されるにつれて群落が減少しました。近年自生地を守る運動がボランティアの手によって行われ絶滅の危機が回避されたことから、環境省のレッドリストカテゴリーではランクが絶滅危惧Ⅱ類（VU）から下がって現在、準絶滅危惧（NT）に指定されています。

　サクラソウは花が桜に似て清楚で美しく、多くの日本人に好かれています。しかし、サクラソウ属植物はアレロパシー活性が強く、葉や茎に生えている細かい毛（毛状突起：トリコーム）*にはプリミン（図❹）という毒素が含まれています。そのため葉に触れると皮膚炎を引き起こすことがあり、「サクラソウ皮膚炎」と呼ばれています。「きれいな花には棘（毒）がある」の例かもしれません。

＊ **毛状突起（トリコーム）**：葉や茎に生えている細かい毛。トリコームには二種類あり、物理的に棘となって虫などを防ぐ非腺性トリコームと、内部に油滴状の袋があってこれに化学物質を含む腺性トリコームである。含まれる物質には、ミントやタイムなどの香り成分、大麻（タイマ）の麻薬成分などがある。これらの成分は害虫や病原菌や他の植物などから植物が身を守ろうとして生産している物質であることが多く、植物の防御機構に関与していると考えられている。

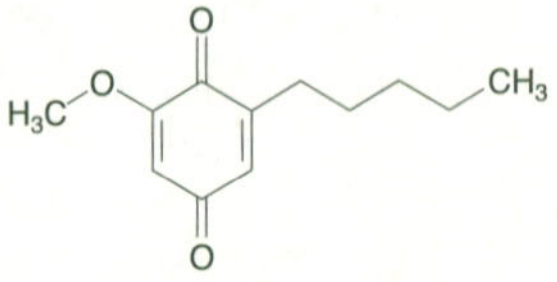
プリミン

図❹ サクラソウに含まれるプリミン

エーデルワイス

Leontopodium alpinum Cass.

科 キク科
属 ウスユキソウ属

ヨーロッパの高山の石灰岩地に生える多年草。七月から九月に星のような形の白い花（じつは変形した葉）をつける。

エーデルワイスは、「高貴な白（Eder-weiss）」を意味するドイツ語で、和名はセイヨウウスユキソウ（西洋薄雪草）。キク科ウスユキソウ属に分類され、高度二〇〇〇〜二九〇〇メートルの高山帯の石灰岩地を好む高山植物です。花のように見える白い綿毛状の部分は花ではなく苞葉《ほうよう》と呼ばれる葉の一種で、真ん中の本当の花は地味で目立ちません。学名は「アルプスのライオンの爪」を意味し、強そうな名前です。

エーデルワイスは、ジュリー・アンドリュースが主演して世界的に大ヒットしたミュージカル『サウンド・オブ・ミュージック』で有名になりました。この映画には〈ドレミの歌〉や〈全ての山に登れ〉といった名曲がありますが、クリストファー・プラマーが演じるトラップ大佐が歌い、最後に家族全員で合唱する〈エーデルワイスの歌〉は感動的です。第二次世界大戦のとき、ナチ

エーデルワイスの花

ス・ドイツに占領されて祖国オーストリアが一時消滅してしまった頃のお話なのですが、音楽会の場面で、ナチス・ドイツの兵隊が最前列で聞いている前で、まず〈ドレミの歌〉の一節「ジャム・アンド・ブレッド」が「ジャーマン・ブレッド」に聞こえるように何度も歌ったあと、最後にこの花をオーストリアに仮託して「エーデルワイスよ永遠に、わが祖国よ永遠に」と歌うところが感動的です。

エーデルワイスは高貴でひよわな植物のようなイメージがありますが、綿毛のような苞葉は高地環境へ適応した結果と考えられ、これが高山の寒さ、乾燥、および紫外線の強い厳しい環境から身を守るしくみとなっている強い植物です。

高山植物は他の植物が生育できない場所で成長するため、いろいろなしくみを持っており、とくに紫外線から身を守る成分には、美白効果があるとして化粧品などに使われています。また、コケモモ（苔桃）やウワウルシ（クマコケモモ（熊苔桃））、ブルーベリーなどに含まれるアルブチン（図❺）は、メラニン合成に関わるチロシナーゼを阻害してメラニンの合成を抑制します。アルブチンは、人間の皮膚に対しては安全な物質であり、植物に対する阻害作用もまったくありませんが、この物質が加水分解したヒドロキノンは強い毒物で、植物に対して強い阻害作用があります。ヒマラヤの高山に生息する高山植物もこのような紫外線抵抗性物質を持っていると期待され、ヒマラヤダイオウやヒマラヤの青いケシなどにも含まれていないか、研究が進められているようです。

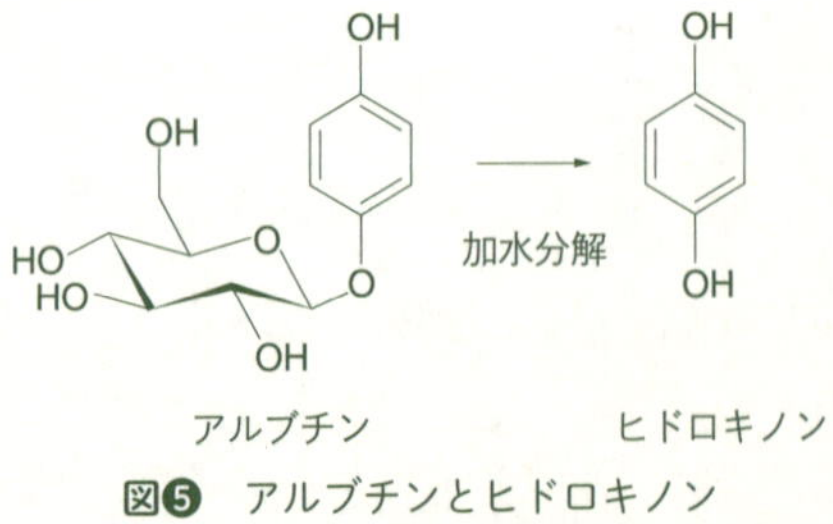

図❺　アルブチンとヒドロキノン

第2章

セクシー・ネーム

オオイヌノフグリって何がセクシーなの？

実の形。よく見ると何かに似ていない？

あ〜、確かにね。
でも植物の実とか花って、案外動物の生殖器に似てる気が。

名前をつけた人の想像力だけじゃなさそう。

チョウマメの花、ツノナスとかイチゴの実も連想させるねぇ。

1

生殖器官と関係のある名前

花は植物の生殖器官です。生殖は自分の遺伝子を子孫に伝えるという、生物にとってもっとも重要な営みです。人間を含むすべてのいきものの生物としての目的は、自分の遺伝子を子孫に伝えることにあり、有性生殖はこれをより良い形で伝えるためのしくみです。生殖は重要な行為であるため快感が与えられましたが、これに耽溺《たんでき》せずに、永く続けられるようにと、隠され、神秘的なものとして秘匿されてきました。植物と動物は共通の単細胞生物から分岐し、それぞれ独立に多細胞化しましたが、植物と動物の生殖器官には不思議と似ているものがあります。

イヌノフグリ（犬の陰嚢）

Veronica polita var. lilacina

科 オオバコ科
属 クワガタソウ属

オオイヌノフグリ（大犬の陰嚢）

Veronica persica Poiret

科 オオバコ科
属 クワガタソウ属

イヌノフグリの命名者は牧野富太郎ではない

標準和名に陰嚢（睾丸）を意味する「フグリ」が入っているオオイヌノフグリは、かわいそうな名前の代表としてよく知られています。このフグリという名前を牧野富太郎が命名したと書いてある図鑑があり、ネットや一部の書籍で情報が広がっているようです。しかしこの情報は間違いで、日本在来種のイヌノフグリの名前が先につけられていました。その果実の形が雄犬の陰嚢に似ていることから名づけられ、江戸時代後期の一八五六～六二年に出版された『草木図説　前編　巻一』（飯沼慾斎　著）の中に「イヌノフグリ」の名で出ています。そのため最初に「イヌノフグリ」と命名したのは牧野さんではありません。

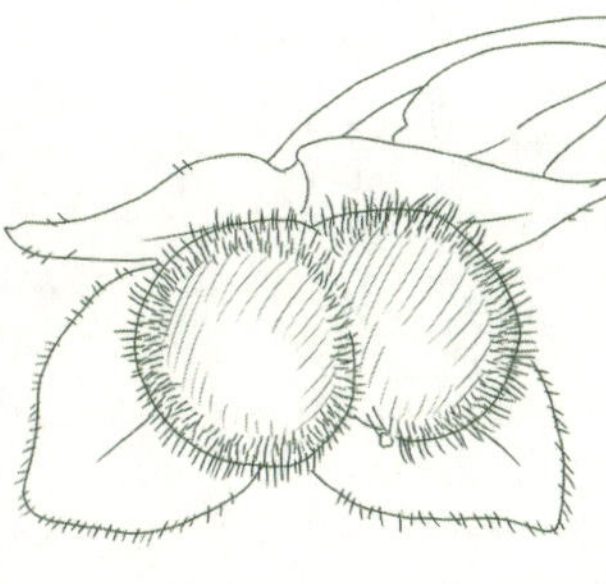

イヌノフグリの実

なお、この『草木図説』は国立国会図書館デジタルコレクションでインターネット公開されており、イヌノフグリの書かれているページは誰でも無料で読むことができます。

イヌノフグリは日本在来種（正確にはずっと昔に日本にやってきた史前帰化種）であり、オオイヌノフグリは明治時代にヨーロッパから渡来した新しい外来植物です。牧野さんは一八八七年の春、東京のお茶の水に植物採集に出かけ、コバルト色の花が土手一面に咲いているのを発見し、これが欧州原産の *Veronica persica* Poir. であると同定し、これまでに知られていたイヌノフグリの近縁種で、全体に大型であることからオオイヌノフグリと命名して植物学雑誌に投稿した、というのが命名の経緯です。

イヌノフグリの葉

オオイヌノフグリの葉

オオイヌノフグリは俳句の世界で人気者

牧野さんの命名後、オオイヌノフグリは帰化植物として全国に広がりました。しかし農業に大きな被害をもたらす雑草ではないこと、花がかわいくて、春の季節を連想させることから、俳句の季語になっています。

俳句は、松尾芭蕉が、雅《みやび》な芸術である和歌から派生した「俳諧」を改良してつくりだした新しい芸術ですが、もとの俳諧は「滑稽」という意味で、芭蕉が学んだ俳諧は、エロチックな話題や下品な話題を題材にして遊ぶ猥雑《わいざつ》な文学になっていました。これを、「不易流行」、「風狂」、「軽み」という高い哲学性を持った俳句に高めたのは芭蕉の業績で、俳句は世界で一番短い定型詩となり、その人口は一五〇〇万人から一〇〇〇万人といわれます。学校でも教え、多くの一般の人が俳句をつくって新聞などに投稿したり、お茶のペットボトルにも載っている日本は、高い文化を持つ国といえます。ここに芭蕉の凄さ、日本文化の良さを感じます。しかし俳句は、そのルーツからくる滑稽さとセクシーな面を持っています。だから、オオイヌノフグリは俳句のテーマにふさわしいものといえます。ただし、近代の俳句の「イヌフグリ」は日本古来の「いぬふぐり」ではなく、ほとんどすべてが外来植物の「オオイヌノフグリ」を指しています。たとえば、

碧眼のベロニカ・ペルシカ犬ふぐり（山田みづえ）

その青い花が西洋人の眼の色のようだ。ベロニカ・ペルシカはイヌノフグリではなく、オオイヌノフグリの学名です。この学名の *Veronica* は、キリストが十字架に掛けられたあと、その血をふき取った聖女ベロニカの名前に由来するとても良い名前で、そのためか、オオイヌノフグリの花言葉は、信頼、神聖、清らか、忠実となっています。

畦弱きところに群れて犬ふぐり（鷹羽狩行）

オオイヌノフグリが田んぼのあぜ道に群れて咲いていることを詠んでいます。

雪晴やいぬのふぐりの咲くところ（柳芽）

オオイヌノフグリが、寒くてまだ雪がある冬の終わりから咲き始めることを詠んでいます。正確な観察です。

イヌフグリ星のまたたく如くなり（高浜虚子）

オオイヌノフグリの花の色はコバルトブルーで美しく、形が星のようなので、別名として「ホシノヒトミ（星の瞳）」というきれいな名前に変えようとする提案があります。高浜虚子のこの句はこれを踏まえています。ホシノヒトミという名前を誰がつけたのかよくわかりませんが、千葉県柏市では一九七〇年頃から呼ばれていたとの記載があります。また、「ルリカラクサ（瑠璃唐草）」という名前もあります。瑠璃色は少し紫の入った鮮やかな青で、花の色からつけられています。

江戸時代に、イヌノフグリを図案化した唐草模様が「天人唐草」と呼ばれていたので、イヌノフグリそのものもテンニンカラクサ（天人唐草）と呼ばれることがあります。天人唐草模様の座布団は、法事・法要などの仏前専用として使われるので、お寺などで目にすることがあるかもしれません。一九七〇年代に山岸凉子によって書かれた漫画に『天人唐草』があり、まさにイヌノフグリの名前が題材となっています。家庭で厳格な両親にしつけられ、フグリの意味を知らなかった娘がそのために悲劇的な結末を迎えるという悲しい話です。絵の美しさとホラー漫画としての怖さから、今でも人気があるようです。しかし、この漫画で扱っている植物は明治以降になって渡来したオオイヌノフグリのことで、天人唐草は江戸時代からあるイヌノフグリを図案化した文様であり、天人唐草はオオイヌノフグリではないので、残念ながら漫画の題名は内容を表していません。

オオイヌノフグリのおしべはおもしろい動きをする

オオイヌノフグリは一つの花の中に雄蕊（おしべ）と雌蕊（めしべ）があります。このような花を「両性花」といいます。おしべとめしべは、午前中は離れていますが、夕方になるとおしべが真ん中にあるめしべに近づいてきて、くっついて花粉をめしべにつけて受粉します。ちょうど動物の交尾のような現象です。マツバボタンやオシロイバナ、コナギでもこのような動きをします。オオイヌノフグリの花を見つけたら、観察してみると面白いです。植物にはこのような両性花はたくさんあり、パートナーに出会えなくても子孫を残すことができるようになっています。これを「自家受粉」といいます。他の植物体の花粉を受け取る「他家受粉」したほうが、遺伝子を交換することでより環境に適応した子孫を残すことができる確率が高くなるのですが、パートナーがいないところでも子孫を残そうとする植物のたくましい知恵であるといえます。

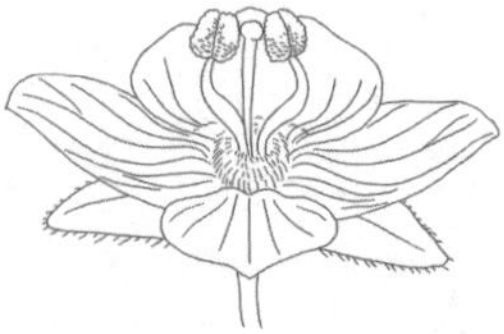

オオイヌノフグリのおしべとめしべ。上は午前中、下は夕方。

ふぐり　いろいろ

●松ぼっくり、パイナップル、クリもふぐり

「ふぐり」という言葉は、もとは「ふくろ」を意味する古い日本語で、雅な名前の風格があります。昔は、松ぼっくり（松毬）＝松かさ（松笠）のことを、「松ふぐり」と呼んでいました。その形が「ふぐり」と似ています。今でも関西地方ではこの名で呼ばれることがあります。「松ふぐり」が「松ほぐり」「松ぼくり」に転じ、それがさらに転じて現在の「松ぼっくり」になりました。「松ぼくり」、「松ふぐり」は『俳句歳時記』の秋の季語に入っており、正岡子規に「涼しさや　ほたりほたりと　松ふぐり」という俳句があります。

　パイナップルも、果実の形が松ぼっくりに似ているのでその英語名がつけられました。すなわち、パイナップルも「ふぐり」を意味しています。

　また、クリ（栗）も、実の形や色が「ふぐり」に似ているとことから、「ふくろぐり」からきているのではないかとの説があります。クリの実は、毬状の殻斗《かくと》（どんぐりのお椀）に包まれていることから毬《きゅう》果《か》と呼ばれることがあります。毬は、訓読みでは「まり、いが、かさ」と読まれ、毬果は、松ぼっくりのようなマツ綱植物の果実を指します。

●イヌマキとナギの実もふぐり

　イヌマキ（犬真木）は実が赤くなります。その実の形が猿の金玉（睾丸）に似ているので、山口県では「サルノキンタマ」と呼ばれています。道端の食べられる雑草にくわしい俳優の岡本信人さんは、『道草を喰う』という本の中で、イヌマキの実をサルノキンタマと呼ぶと書いてその呼び名について説明しておられます。『原色牧野日本植物図鑑Ⅰ』にも、サルノキンタマは山口県の地方名との記載があります。イヌマキという名前は、価値のない真木（真木は価値のあるスギなどを指

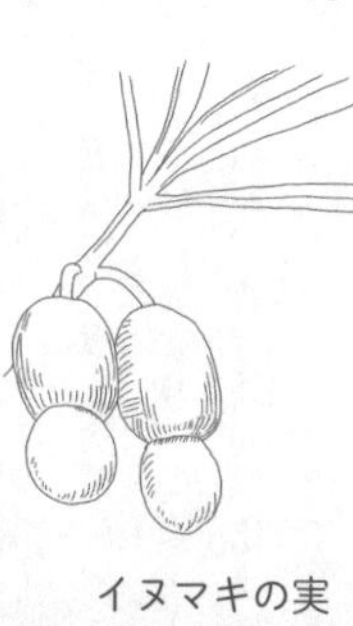

イヌマキの実

す）の意味で、古来日本ではあまり価値を見いだされなかった樹木です。しかし、イヌマキは古い性質を持ったナギ科の樹木の生き残りで、面白い生理活性物質を持っています。

奈良県の春日大社には一〇〇〇年以上前に植えられたといわれるナギ（梛、椥、竹柏（いずれも読みは「なぎ」））の純林があり、ナギの北限とされています。鹿がナギの葉を食べないので残されたといわれていますが、このナギの純林には他の木が生えないこと、下草も少ないことから、アレロパシーが強いのではないかと研究され、大阪府立大学の目《さかん》 武雄らによってナギラクトン、イヌマキラクトン（図❻）という強い植物成育阻害物質が発見されています。ナギは古い植物で、アレロパシー活性が強いために生き延びてきたのではないかとも考えられます。

私は若いときに、境内のナギの木を調べるため春日大社に行き、「なぎ守」というお守りをお受けしました。これは恋人たちへのお守りで、葉を葉脈の方向に引っ張ってもなかなか切れないことから、男女の仲を結び付ける力も強いと信じられ、昔は鏡の底にナギの葉を入れ、夫婦の縁が切れないように、離れていても忘れないようにと願ったとされます。私が春日大社で三〇年前にお受けしたのはイヌマキの実に似た二つの種子がついたなぎ守だったのですが、いまはこのようなお守りは売っていないようです。ナギの名前は、海の凪《ナギ》に通じることから、航海の平穏を祈るご神木となっていることがあります。

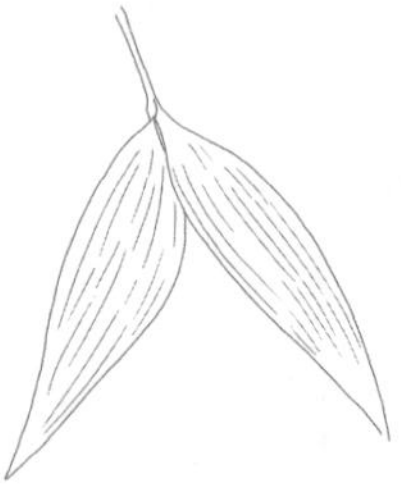

ナギ葉

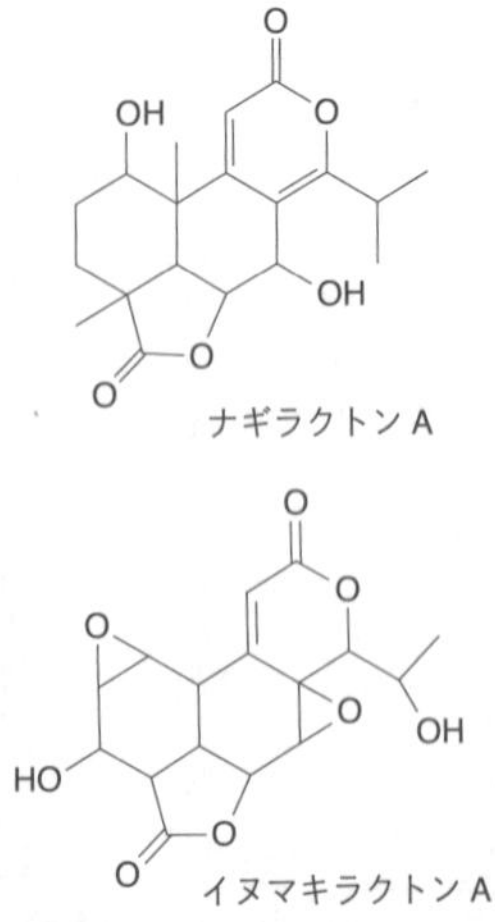

図❻　ナギラクトンとイヌマキラクトン

コラム④
クリの花の青臭いにおいは精液のにおいに似ている

　春先にクリの花が咲くと、青臭いにおいがします。このにおいは精液（sperma）のにおいに似ています。実際に、クリの花には精液のにおい成分でもあるスペルミジン（図❼）という名前のポリアミンが、生重量一グラムあたり約一〇ミリグラム含まれています。ポリアミンは、ウイルスから人間まで、あらゆる生物に含まれ、細胞分裂やタンパク質の合成に関与しているといわれています。スペルミジンは動物の体内ではアミノ酸の一種であるオルニチンから生合成されます（図❼）。スペルミンという物質も含まれています。

　スペルミジンは、菌根[*]の生育を促進する活性があることが知られています。しかしクリの花にも含まれている理由についてはよくわかっていません。

　ポリアミンは母乳にも含まれ、出産後一〇日から二週間前後にとくに多くなります。赤ちゃんの成長促進に寄与していると考えられ、乳児用の粉ミルクに添加することがあります。記憶にも関与するといわれています。加齢によって、体内のポリアミンが減少することが知られており、ポリアミンを強化した餌を与えたマウスでは寿命が延びたとの報告もあります。

＊　**菌根**：菌類と植物の根が形成する共生体。リンなどの吸収促進、耐病性の向上、水分吸収の促進の働きがあり、これが形成されると作物は乾燥に強くなり、肥料分の乏しい土地でもよく育つようになる。

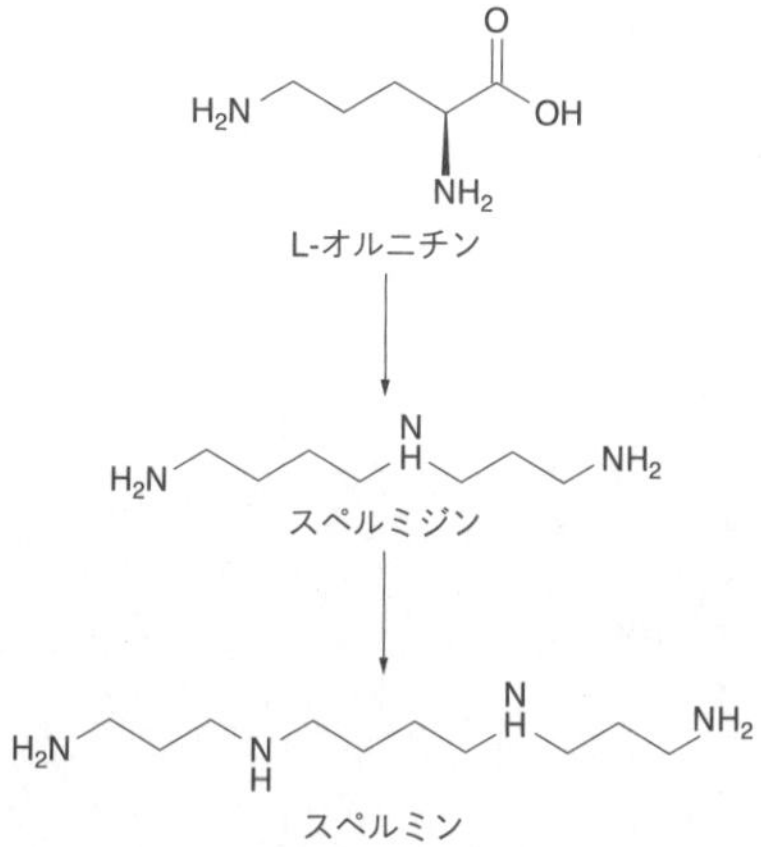

図❼　オルニチンからスペルミジン、スペルミンが合成される

呼び合う草＝ヨバイグサ

防除が困難で厄介なつる性水田雑草が、「ヨバイグサ」、あるいは「ヨバイヅル」の名前で呼ばれてきました。キシュウスズメノヒエ、アシカキ、イボクサなどがあります。ヨバイグサとはヘンで恥ずかしい名前ですが、その旺盛な生命力を、被覆植物として雑草防除に、あるいは新たな牧草や作物として農業に生かせるのではないかと思います。

いろいろなヨバイグサ

キシュウスズメノヒエ（紀州雀稗）は、イネ科スズメノヒエ属の多年生植物で、水田などで強害雑草となります。北アメリカ原産で、日本では一九二四年に和歌山県で初めて発見されたので、「紀州雀稗」という和名がつけられました。背丈は高くなりませんが、匍匐《ほふく》枝を長く多く伸ばし、水田や湿地で非常に大きな群落をつくります。農家からヨバイグサ、あるいはヨバイヅルと呼ばれ嫌われています。しかし水陸両用で強健なことから、その性質を牧草や環境を保全する植物に利用できる可能性があります。

アシカキ（足掻）は、イネ科サヤヌカグサ属の多年生植物で、水辺に生育します。本州・四国・九州・南西諸島、朝鮮・中国に分布する日本在来種です。近縁種にエゾノサヤヌカグサ（蝦夷鞘糠草）、サヤヌカグサ（莢糠草）があります。和名のアシカキは、足をひっかくという意味で、裸足で小川に入るとこれに触れて足が痛いことからきています。ため池などでは水際から生育を開始し、水面に浮かんでマット状に生育し、節々から根を出して広がり、小川や水路などにも生育することがあります。花は七月頃から秋まで咲き、葉の縁にはざらつく堅い毛があります。サヤヌカグサもざらつきますが、アシカキのほうがよりざらつきます。

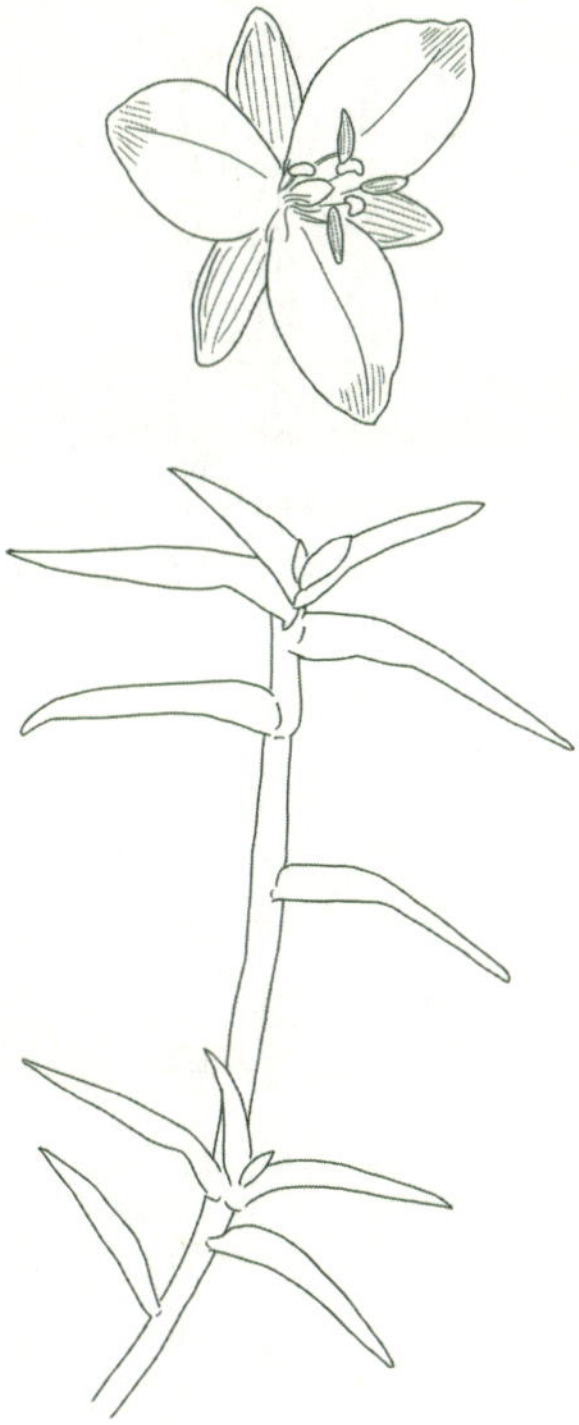
イボクサの花と茎葉

イボクサ（疣草）は、ツユクサ科イボクサ属の一年生植物で、水田や湿地に生える雑草です。葉の汁をつけると疣《いぼ》が取れるという伝承からその名がつけられました。この作用の真偽、および成分は明らかではありません。休耕田や管理の悪い水田では水田全面を覆うことがあり、手ごわい雑草ですが、全面を被覆すると他の雑草のない群落を形成するので、うまく利用すれば被覆植物として有望かもしれません。八月から一〇月にツユクサによく似たピンク色のきれいな花を咲かせますが、花の命は短く、一日でしぼんでしまいます。

よばいの元の意味

ヨバイは「夜這い」で、セクシーな言葉と思われていますが、もとは古い日本語（やまとことば）で、男性が女性に呼びかけ求婚すること（呼ばう）を意味しました。女性が男性に求婚する場合もあったようです。『万葉集』巻一二の二九〇六番の歌に

他国《ひとくに》に　結婚《よばひ》に行きて　大刀《たち》が緒も　いまだ解かねば　さ夜そ明けにける

と歌われています。宴会の席で歌われた滑稽な歌であったらしいのですが、結婚と書いて「よばひ」と読ませています。婚も嫁も「よばい」と読んだようです。この歌の一つ前の二九〇五番の歌は

いくばくも　生けらじ命を　恋ひつつぞ　我れは息づく　人に知らえず

「それほど長く生きられる命ではないのに、恋い焦がれ恋に苦しんでいる。あの人に知られることもなく」という歌で、このあたり恋の歌がたくさんあり、「どうせ短いこの命、恋をしようじゃないか」という趣旨の歌がたくさん出てきます。

呼び合い共存する植物

異種の植物どうしが互いに助け合い、仲良く共存していることがあります。たとえば、シイの林にはヤブニッケイ・アオキ・ヤブランなどが、マツ林にはツツジ科植物が共存すること（沼田眞、『植物たちの生』）、ハッショウマメをトウモロコシと混植すると収量が増えること（藤井義晴、『植物たちの静かな戦い』）が知られています。養分が少ない環境では乏しい養分を分け合い、むしろ種数が多くなる現象も報告されています（ティルマンら　一九八二）。

このような現象には、環境に対する要求性（ニッチ）をずらしたすみ分けと、アレロパシーのような化学的相互作用が関与しているようです。しかしそのくわしい理由は不明です。動物どうしは激しい闘争をして、相手を殺し絶滅させてしまうことがあります。しかし植物どうしは互いに助け合い共に生きようとしていることが多いようです。

イチョウ（銀杏）

科 イチョウ科
属 イチョウ属

Ginkgo biloba L.

街路樹や大学・神社・寺などに植えられる落葉樹。春に緑色の若葉が出て夏に茂るが、秋に一斉に黄葉して美しい。

イチョウの英語名はセクシー

イチョウの英語名はMaidenhair treeといいます。「乙女の髪」ときれいに翻訳されていますが、本当の意味は、その葉の形が、乙女の陰毛の形に似ていることから名づけられたといわれています。なお、イチョウの葉の形は、東京都のシンボルマークに似ています。東京都はこのマークがイチョウであるとは説明していませんが、一般にはイチョウマークとも呼ばれています。

イチョウは二億年前のペルム紀に栄えた古い植物で、生きた化石植物といわれています。イチョウ科の植物は世界各地で化石が出土していますが、氷河時代に世界各地の同族はほぼ絶滅し、イチョウは現存する唯一の種で、一科一属一種です。生きている化石としてIUCNレッドリスト一九九七年版で希少種に、一九九八年版で絶滅危惧（絶滅危惧Ⅱ類）に指定されています。し

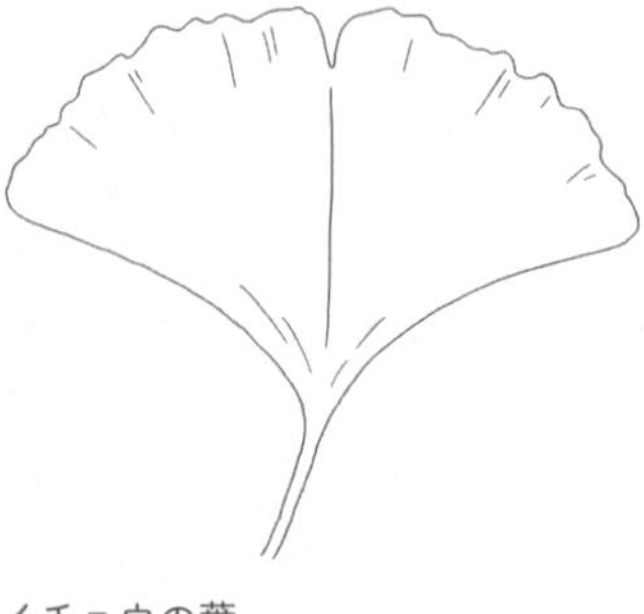

イチョウの葉

かし、現在街路樹などに植えられているイチョウは再生能力が高く、強く剪定《せんてい》しても再生しますし、環境条件によっては「乳」と呼ばれる気根のような根を伸ばすたいへん強い植物で、排気ガスや環境変化にも強いことから、この植物にあやかって滅びることがない繁栄を願い、神社や寺の境内にもよく植えられます。

なお、イチョウには動物のように運動する「精子」があることが一八九六年に東京大学の平瀬作五郎によって発見され世界を驚かせました。その後ソテツでも精子が発見され、平瀬はこれらの業績で学士院恩賜賞を受賞しています。

日本全国にいま生えているイチョウは、一三世紀頃に中国から渡来したとされます。その実のギンナンには、大便に似た悪臭がありますが、悪臭を除去した実は食材として茶碗蒸しや日本料理に使われます。ただし、多食は有毒とされます。

ギンナンの悪臭の主成分は酪酸とヘプタン酸とされています。哺乳類は極微量でも酪酸のにおいを検知することができ、イヌでは一〇ppb、ヒトでは一〇ppm*まで嗅ぎ分けることができます。靴下の悪臭成分の一つでもあります。この物質が手や物に付くと石鹸で洗ってもなかなか臭いがとれないので困ります。一方、ヘプタン酸は炭素数七の直鎖カルボン酸で、腐敗物のような悪臭を持っています。

なぜギンナンは臭かったり、有毒成分を含んでいたりするのでしょうか。これもイチョウが子孫を残すための防衛策として、動物に種子を食べられないように臭くなったのではないかと考えられます。このような物質を持っていたからこそ、近縁の植物のように絶滅することを免れ、今日まで生き残ってきたのではないでしょうか。

テレビ番組「所さんの目がテン」で、動物園に飼育されている動物で実験したところ、ニホンザルはにおいを嗅いだ途端、悲鳴をあげて退散し、タヌキやネズミもまったく食べようとはしませんでしたが、アライグマはそのまま食べました。アライグマは雑食性なので、ギンナンのにおいを気にせずに食べたのか、あるいは鼻の感度が低いのではないかとのことですが、詳細はわかりません。なお、アライグマはかわいらしいのでペットとして人気がありましたが、農作物に被害を与え、生態系を破壊する恐れがあるとして「外来生物法」により「特定外来生物」に指定され、現在では駆除の対象となっています。

＊ **ｐｐｂとｐｐｍ**：気体の濃度は水溶液中の濃度が重量比であるのに対し、体積比で表されるので注意が必要。ｐｐｍは parts per million で、一〇〇万分の一（10^{-6}）の意味。水溶液中なら一ｐｐｍは一㎍／㎥（＝10^{-6}ｇ／10^{3}ｇ）だが、体積比なら、一㎤／一㎥（＝1㎤/1,000,000㎤）。酪酸の場合、一〇ｐｐｍの体積濃度を重量／体積に換算すると10×｛(酪酸の分子量)／22・4｝×｛273・15／(273・15＋温度)｝＝10×(88・11／22・4)×(273・15／273・15＋25(室温25℃の場合))＝36㎎／㎥。一㎥の体積の中に三六ミリグラムの濃度となる。ｐｐｂは parts per billion で一〇億分の一（10^{-9}）の意味。一〇ｐｐｂ＝三六㎍／㎥。

イチョウの成分は認知症予防効果で人気がある

ギンナンの食中毒の原因物質は、北海道医療大学の和田啓爾らによって研究され、ビタミンB_6の誘導体である4'-o-メチルピリドキシン（MPN）であることが報告されています。この物質はギンコトキシンとも呼ばれています（図❽）。この物質はビタミンB_6（ピリドキシン）と化学構造が類似した物質でビタミンB_6に拮抗してビタミンB_6欠乏を引き起こし、GABA*の生合成を阻害し、その結果、ときには痙攣《けいれん》などを引き起こします。大人の場合はかなりの数を摂取しなければ害は出ませんが、子供の場合は一日五～六粒程度でも中毒することがあり、五歳未満の小児にはギンナンを食べさせないように注意が必要です。

一方、イチョウの葉には、脳の働きを活性化させる物質が含まれるとの報告もあり、欧米ではイチョウ葉の粉末などが商品化されています。その本体とされるギンコライド（図❾）は、イチョウの葉に含まれるテルペノイ

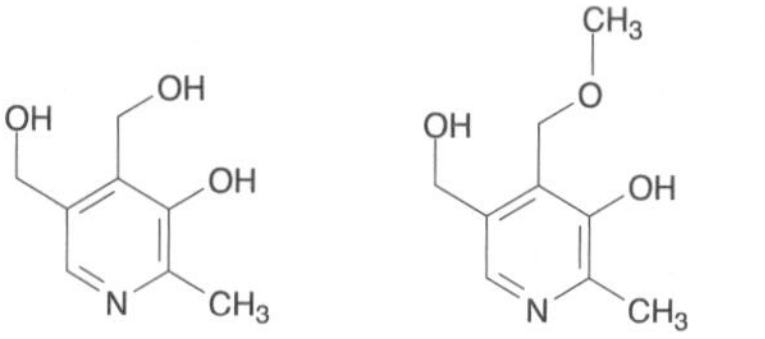

ピリドキシン（ビタミンB_6）　　4'-o-メチルピリドキシン（ギンコトキシン）

図❽　ビタミンB_6（左）とギンコトキシン（右）

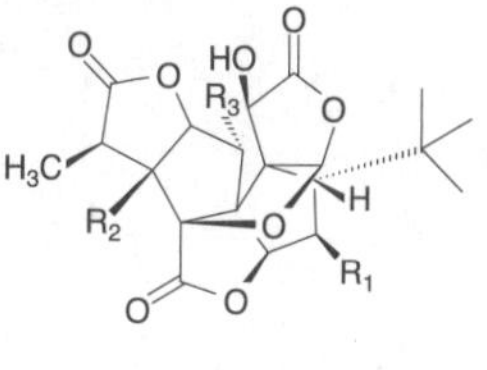

ギンコライド

ギンコライド	R_1	R_2	R_3
ギンコライドA	−H	−OH	−H
ギンコライドB	−H	−OH	−OH
ギンコライドC	−OH	−OH	−OH
ギンコライドJ	−OH	−H	−H
ギンコライドM	−OH	−OH	−OH

図❾　ギンコライド類

ドの一種で、置換基により、ギンコライドA、B、C、J、Mの五種類が確認されています。複雑な構造をした物質ですが、一九六七年に、コロンビア大学の中西香爾らにより構造決定されました。血小板活性化因子を抑制する働きがあり、「イチョウ葉エキス」として、記憶力増進や脳内血流改善、アレルギーや喘息改善などに効果があるとされ、サプリメントなどに添加されています。いくつかの臨床試験において、認知症の改善、記憶改善、脳機能障害の改善、末梢循環障害の改善などが報告されていますが、アメリカ国立補完統合衛生センターによる高齢者三〇〇〇人を対象とした研究では、認知症もしくは認知機能低下の予防や緩和には役に立たないという結果となり、効果ははっきりと証明されていません。

＊ GABA：γ-アミノ酪酸（gamma-aminobutyric acid）の省略名でギャバと読む。動物の神経伝達物質として働く。グルタミン酸が興奮性の神経伝達物質であるのに対し、GABAは抑制性の神経伝達物質である。GABAは発芽玄米、トマト、ナス、アスパラガスなどの野菜や果物、漬物、キムチなどの発酵食品に含まれており、健康食品として宣伝されている。GABAは血液脳関門を通過しない物質であり、口から摂取しても脳に送られて神経伝達物質として用いられることはないとの説もある。しかし、体内でGABAの生成を制御する物質には効果がある。GABAの量を減少させる薬は血圧を上げたり神経を昂奮させたりする働きがあり、不安を高め、興奮、痙攣を引き起こす。イチョウのギンコトキシン以外にも、シキミのアニサチン、ドクウツギのコリアチルアミンなどもGABAを抑制することで痙攣を引き起こすことが知られている。

チョウマメ（蝶豆）

Clitoria ternatea L.

科 マメ科
属 チョウマメ属

タイが原産の多年草だが日本では冬の寒さで枯れるので一年草。六月から九月頃に青色から紫色の花を咲かせる。

東南アジアには、道端のフェンスなどに絡まっているつる性植物のチョウマメが、南米には大きな樹木になるチョウマメノキがあります。同属で花はよく似ているのに、一方はつる性の草本で、一方は大木になるのは不思議です。英名は butterfly pea で、これを翻訳して蝶豆。花は紫色で美しく、蝶に似ているといわれますが、それほど似ていると思えません。チョウマメの属名の *Clitoria* はギリシャ語の「clitoris（女性性器の一部）」から名づけられています。花の一部（竜骨弁）の形が女性性器の一部に似ているためです。

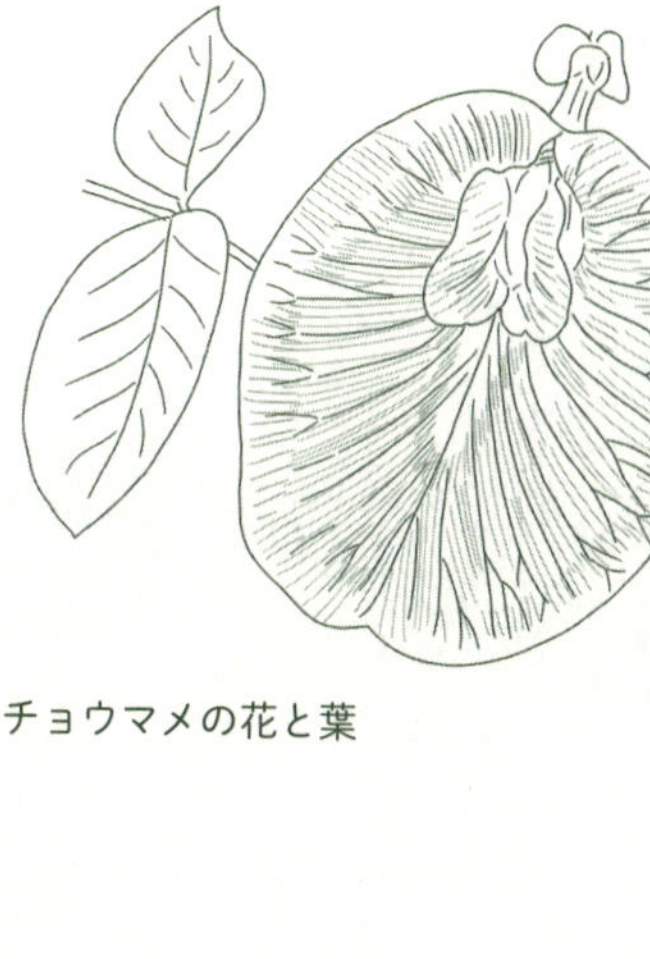

チョウマメの花と葉

チョウマメの近縁種に、ムラサキチョウマメモドキ（紫蝶豆擬）という植物があります。この植物もつる性のマメ科植物で、東南アジアでは、有用な緑肥*として利用されています。また、チ

ヨウマメの仲間には花が美しいものが多く、日本には江戸時代に渡来したといわれ、園芸種として庭などで栽培されています。

ムラサキチョウマメモドキ

＊ **緑肥**：次に栽培する作物の肥料とするために栽培し、収穫せずそのまま田畑にすき込む植物のこと。レンゲ、クローバ類やヘアリーベッチなどのマメ科植物がよく用いられる。化学肥料が導入されるまではごく普通に行われていた。緑肥には、肥料としての効果以外にも、①土の構造を改善することで、水はけ、保水力などを高める、②有機物を増加させ土壌中の微生物の繁殖を促進する、③雑草の発生を抑制する、④病害虫の発生を防ぐ、⑤土壌の塩類濃度を下げる、などの働きがあり、有機農業などで活用されている。

コンニャク（蒟蒻、菎蒻）

科 サトイモ科
属 コンニャク属

Amorphophallus konjac K. Koch

群馬県など北関東で栽培される多年生植物。五年から六年栽培すると、秋にソーセージのような形の花をつけて株は枯れる。

コンニャクの学名もセクシー

コンニャクは、サトイモ科の植物ですが、その球茎から製造される食品もコンニャクといいます。奈良時代に薬用として中国から伝来し、漢語「蒟蒻」が「コニャク」と読まれ、中世に音変化して「コンニャク」になったとされます。これまでコンニャクを食用としていたのは日本、中国、ミャンマーだけでしたが、人間には消化できないグルコマンナンを含むため、低カロリー健康食品として人気が出て、最近では欧米にも広がりつつあります。日本では昔から腸の砂おろし（関西では睾丸の砂おろし）といわれ、体内の砂（毒素）を排泄する作用があるといわれていました。これはマンナンが腸内の老廃物や毒素を吸収して排泄するためと考えられています。

英名は elephant foot（象の足）あるいは devil's tongue（悪魔の舌）。原産地はインドからインドシナ半島あたりで、東南アジア大陸部に広く分布しています。日本の主産地は群馬県で約九〇%を生産し、二位の栃木県、三位の茨城県の三県で全国の約九五%を生産しています。コンニャクイモには劇物のシュウ酸カルシウムが含まれるため、加工には注意が必要ですが、古くから日本人はこのような成分の毒抜き法をよく知っており、調理によって除去できることが示されています。

コンニャクの花の形は変わっており、太い棒のような軸の表面に花がびっしりと敷き詰められるようにつく「肉穂花《にくすいか》（spadix）」という形態をとります。全体で一個の花のように見えますが、小さな花が密集したものです。コンニャクの学名 *Amorphophallus* は、ámorphos（áは否定形で「～でない」）＋morph（「形」を意味する）で、「決まった形がない＝転じてサイズが大きくなった、-phallus＝男性性器」を意味しています。

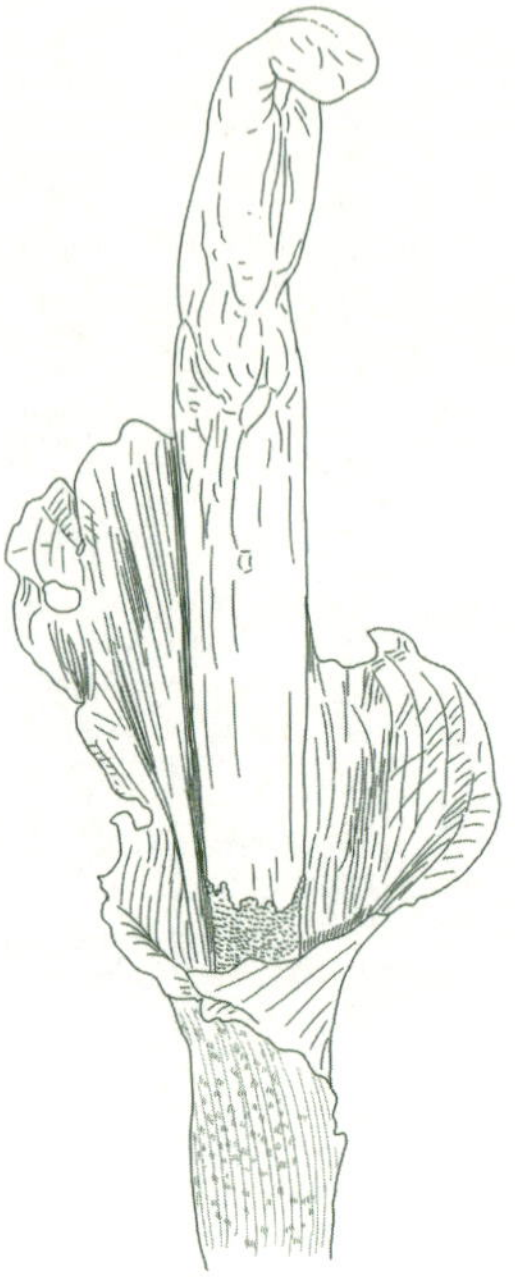

コンニャクの花

ショクダイオオコンニャクの悪臭成分

コンニャクの仲間に、世界最大の花として有名なショクダイオオコンニャク（燭台大蒟蒻）があります。日本の植物園にも栽培されています。別名スマトラオオコンニャク。その強烈な腐敗臭から「死体花（corpse flower）」、お化けのように見えるので、「オバケコンニャク」とも呼ばれます。インドネシア、スマトラ島の熱帯雨林に自生し、七年に一度、わずか二日間しか咲きません。この短い時間に子孫を残すために、強烈に臭い物質を利用して花粉を媒介する昆虫を呼び寄せているようです。

ショクダイオオコンニャクは、世界の大きな植物園で栽培されていますが、開花例はきわめて少なく、日本国内においては二〇一〇年七月二二日に、小石川植物園（東京大学附属植物園）で、一九年ぶりに開花しました。このにおい成分を、東京大学農学部の白須未香さん、東原和成教授らのグループが分析され、主成分がジメチルトリスルフィド、ジメチルジスルフィド、ジメチルスルフィドであることを報告しています（図❷を参照）。また、やはり悪臭で知られるラフレシアの臭気成分も同じ成分であることがわかっており、最近はつくば市にある筑波実験植物園で毎年開花し、人気を集めています。

このような臭いの存在意義は、子孫を残すために重要な受粉であることがわかっています。腐臭を放って腐肉や獣糞で繁殖する昆虫を集め、花粉を媒介するのです。ラフレシアはクロバエ科のハエ、ショクダイオオコンニャクは糞虫《ふんちゅう》やシデムシ類といった甲虫によって花粉が媒介されます。このような昆虫を引き寄せるために悪臭を放っているのです。昆虫は悪臭とは感じず、良いにおいと感じているのかもしれません。なお、日本では夏の思い出として知られる可憐な「ミズバショウ」もサトイモ科のコンニャクの仲間であり、その花は異臭がします。英語名は「スカンクのキャベツ」といいます。

ちなみに、世界最大の花はショクダイオオコンニャクではなくラフレシアです。ラフレシアの花は最大で直径九〇センチメートルです。ラフレシアが単体の花であるのに対し、ショクダイオオコンニャクの巨大な「花」はコンニャク同様、肉穂花です。一五〇から最大で三五〇センチメートルもありますが、複合体なので、単体の花としてはラフレシアが世界最大なのです。なお、単体の花が集合した花の長さでは、南米・アンデスの四〇〇〇メートル以上の高山に生育するパイナップル科のプヤ・ライモンディが一〇メートルに達する花序をつけるので世界最大です。この植物は一回結実性で、開花するまでには四〇～一〇〇年かかり、そのため「センチュリープラント（百年植物）*」と呼ばれています。一つの木が三〇〇〇の花をつけ、六〇〇〇万の種子をつけます。

ショクダイオオコンニャクの花
（提供：Lothar Günz）

なお、二〇〇九年イギリス王立園芸協会のネット投票で、世界一醜い植物の部門で、ショクダイオオコンニャクが第一位となっています。ちなみに、第二位はサンコタケというキノコです。キノコの仲間には奇抜な形のものがあり、「死人の指」といわれるクロサイワイタケ属のマメザヤタケは、地面から死者の指がにょっきり出ているような恐ろしい形のキノコです。ほかにも「悪魔の手」というキノコもあります。第三位はベジタブル・シープ（植物ヒツジ）というニュージーランドのヒツジのような形をした木。第四位はウェルウィッチア（キソウテンガイ）です。キソウテンガイについては第8章で紹介します。

＊　**センチュリープラント（百年植物）**：後述のリュウゼツランも成長が遅く、センチュリープラントと呼ばれる。実際には数十年で開花するようで、センチュリーはやや誇張した表現である。タケも開花まで一〇〇年かかる植物で、モウソウチク、マダケ、ハチクなどは、六〇～一二〇年の周期で開花・結実するため、やはりセンチュリープラントである。

コラム⑤

性の起源と「赤の女王」仮説

花は植物の生殖器官で、雄蕊《ゆうずい》（おしべ）と雌蕊《しずい》（めしべ）がありますが、クリトリアやコンニャクのように、植物の生殖器官と動物の生殖器官の形が似ているのは面白い現象です。ちなみに、植物で光合成をしてエネルギーをつくるために使われるクロロフィル（葉緑素）と、動物で酸素を運搬することによってエネルギーを得るために用いられるヘモグロビンの基本構造は「ポルフィリン」という化合物で、まったく同じ形をしています。じつは植物と動物とは、それほどかけ離れた生き物ではないようです。

動物や植物は男性と女性に分かれていますが、生態学では、なぜ性が生まれたかを説明する「赤の女王仮説」があります。これは、『鏡の国のアリス』に出てくる「赤の女王」（チェスのクイーンが人間になっている）は常に猛スピードで走っており、なぜ走るのかとアリスが聞

赤の女王とアリス（Wikipedia より）

いたところ、「同じところにとどまるためには、常に走り続ける必要がある」と答えたことに由来します。生物も同じ状態でとどまっていたのではだめで、進化しないと淘汰されるという仮説です。単為生殖で親とまったく同じ形質を子孫に伝えると、それが良い性質であれば長く繁栄しますが、環境が変化すると子孫が絶えてしまうリスクがあります。オスとメスをつくり、遺伝子を交換するといろいろな性質を持った子が生まれるので、環境変化に対して生き残る可能性が高くなるのです。これが性の起源です。

より良い子孫を残すためには、生殖はきわめて重要であり、男女が互いに好きになるのは自然なことといえます。植物と動物の生殖器官の関連性については、偶然の一致ではないかもしれません。なお、哺乳類の場合、基本形は女性形であり、胎児のときは女性であったのが男性ホルモンの働きで男性化します。女性時代の名残として男性にも乳房、乳首があります。

古代エジプトやペルシャの王家、ヨーロッパのハプスブルク家などでは、王家の純血を保つため近親結婚が多かったのですが、そのために劣勢な形質が蓄積し、かえって王家の滅亡を招いたようです。徳川家も途中の第八代将軍吉宗が優れた指導者で、中興の祖として徳川幕府を建て直しました。吉宗は、その母が身分の低い武士（百姓との説もある）の出身の側室であり、将軍家に性質の異なる遺伝子を加えたためではないかと思われます。日本は創業からの歴史が長い老舗企業が世界一多いことが知られていますが、このような老舗では、跡取り息子よりも娘が生まれることを喜ぶといわれます。娘に優秀な婿を迎え入れることが企業の活性化、存続に良い効果をもたらすとして歓迎するようです。

2

乳房や乳と関係した名前

母親のおっぱいや、母乳を出す乳首に関係した名前の植物があります。哺乳類の母乳は赤ちゃんの最初の食べ物として重要なので、これをくれる母親のおっぱいは、男性にとっても女性にとっても、やさしい母親の思い出とともに懐かしく思い出され強く惹かれます。

一方、植物の茎や葉を切ったときに乳液を出す植物があります。色は白く、母乳に似ていますが、植物の乳の役割は身を守ることにあるようで、その成分には動物や昆虫にとって有害な物質を含むことも多く、注意が必要です。

イチゴ（苺）

イチゴの果実の形

漢字の「苺」は、果実の形が母の乳首に似ていることから中国でつくられたとされています。ノイチゴ（野苺）と呼ばれるヘビイチゴ（蛇苺）、バライチゴ（薔薇苺）、クサイチゴ（草苺）などの実はその形が母の乳首に似ています。真っ赤に熟した果実はいかにも甘くおいしそうですが、野生のものにはほとんど味がなく、口に入れるとがっかりします。甘いのはオランダイチゴだけで、とくに最近日本で品種改良された品種は世界一甘くなっています。

イチゴの「果実」と思われている部分は、植物学的には果実ではなく、花托《かたく》（花床《かしょう》ともいう）です。花托というのは、茎が厚くなり、そこから花が育つ部分ですが、イチゴやナシなどでは花托が可食部になります。これを「偽果《ぎか》」と呼びます。イチゴの本当の果実は、

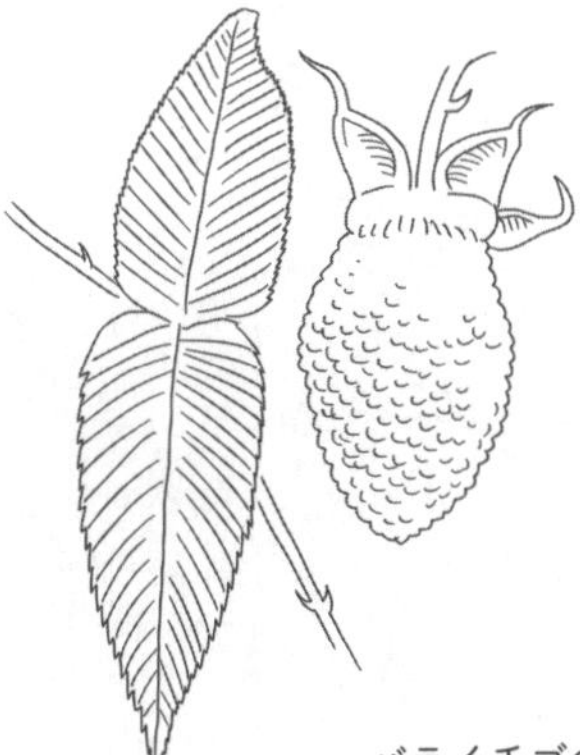

バライチゴの葉と果実

種子のように見える一粒一粒であり、これらは「瘦果《そうか》」と呼ばれます。イチゴのこの部分は凹んでいるため、殺虫剤や殺菌剤などの農薬が残留しやすいことが知られています。最近の農薬は毒性が低くなっているので、あまり神経質になる必要はないのですが、農薬を散布したイチゴは食べる前に十分水洗いするのがよいと思います。

　中国名の苺は母の乳首を意味しますが、日本語（やまとことば）の「いちご」の語源はよくわかっていません。『本草和名』（九一八年頃）や『倭名類聚抄』（九三四年頃）には「以知古」とあり、『日本書紀』（七二〇年）には「伊致寐姑（いちびこ）」、『新撰字鏡』（八九八年）には「一比古（いちびこ）」とあります。「ひこ」は「彦」で、のどびこ（喉彦、のどちんこ、口蓋垂《こうがいすい》）や、三彦山の英彦山《ひこさん》（福岡県）・弥彦山《やひこやま》（新潟県）・雪彦山《せっぴこざん》（兵庫県）はその形が釣鐘状をしており、乳首の形を意味していたのではないかと思います。

　現在食べられている栽培種のオランダイチゴの歴史は意外と新しく、栽培が普及したのは第二次世界大戦後少し経ってからで、一九六三年の農林水産統計表の品目に初めて登載されています。

　イチゴは連作障害が強いことが知られています。とくに最近普及している甘い品種は連作障害が強いようです。水耕栽培した甘いイチゴ品種の根から出る物質を調べたことがありますが、生育阻害物質が多量に放出されており、連作障害の原因の一つと考えられます。

　なお、イチゴはキリスト教では「正義」のシンボルとされています。ヨーロッパでは異なる植物を混植すると互いに影響があることに気がつかれ、いろいろな関係が調べられました。アレロ

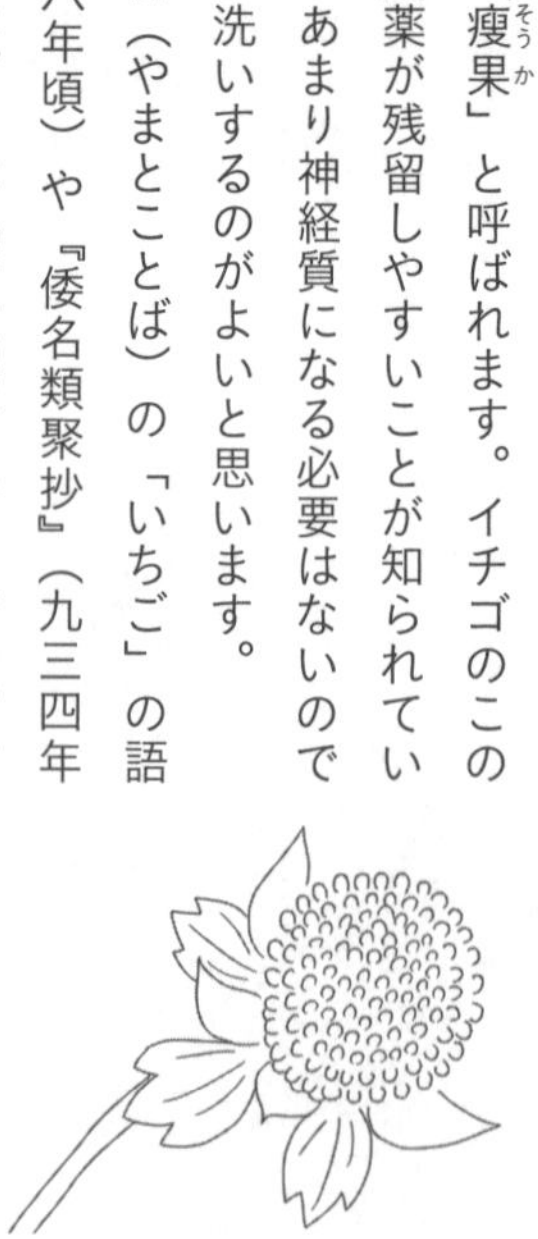

ヘビイチゴの果実

パシーや「共栄関係」もそのような関係です。経験的にイチゴはイラクサのような「悪い」植物の下に生育してもこれに影響されずおいしい実をつけることから、周囲の悪や不正に毒されない正義の象徴と考えられたようです。

イチゴの香気成分、抗菌成分

イチゴは、特有の香気成分を持っています。イチゴの学名（*Fragaria* 属）は、香りの良い果物（フラグラント＝芳香）を意味しています。しかし、イチゴの香りは変化しやすく、いたみも早いので、新鮮な朝摘みイチゴが好まれます。イチゴの香気成分はこれまでに三〇〇種以上が分析されています。新鮮なイチゴの香気には、酢酸エチル、酪酸メチル（これは臭い物質）、酢酸ブチル、カプロン酸メチル（この物質も臭い）などのエステル類をはじめとし、アルコール類、酢酸などが検出されていますが、イチゴ独特の甘い香りに関与する成分はフラネオール（DMHF、図⑩左）です。この香りの閾値は低く、水一キログラムの中に、わずか五～一〇ナノグラム入っているだけでも香ります。

一方、イチゴの香気成分としてプロピレングリコール（1，2-プロパンジオール、図⑩右）も報告されています。プロピレングリコールは食品添加物として餃子の風味を増すことに利用されています。私たちは、二〇〇〇年に小渕恵三元首相が提案されたミレニアムプロジェクトという二一世紀に向けた研究テーマに選ばれ、北九州市にあるフイルドサイエンス社と共同研究して、樹木抽出液に含まれる植物成育促進物質を調べたことがあります。物質の同定には苦戦しましたが、最終的に作用本体がプロピレングリコールであることを見つけました。植物から見つけたのは新発見と思い喜んだのですが、すでにイチゴの香気成分として報告があり新発見ではありませんでした。この物質は水に溶けやすい物質も、溶けにくい物質も両方とも溶かす働きがあり、抗菌活性もあり、広範囲の濃度で植物の生育を促進する作用があったので特許を申請しました。プロピレングリコールは比較的安全性が高い物質で、哺乳類に対するＬＤ50値*は経口投与で一八～二四グラム／キログラムと報告されています。

図⑩ イチゴに含まれる香気成分と抗菌成分

＊　**ＬＤ50値**：半数致死量を意味し、Lethal Dose, 50% の略。急性毒性の強さを示す値で、この場合、口から摂取したとき、五〇％の動物を殺す濃度を体重一キログラムあたりの量で示す。毒物及び劇物取締法における毒物・劇物の指定は、経口投与の場合この値が五〇ミリグラム／キログラム以下を毒物、三〇〇ミリグラム／キログラム以下を劇物と定義している。塩のＬＤ50値は三～三・五グラム／キログラムで、プロピレングリコールは塩よりも急性毒性は低い。

ツノナス

科 ナス科
属 ナス属

***Solanum mammosum* L.**

南アメリカ原産の多年草。日本では越冬できず一年草。葉と茎に鋭いトゲがある。夏にナスに似た花を咲かせ黄色い果実をつける。

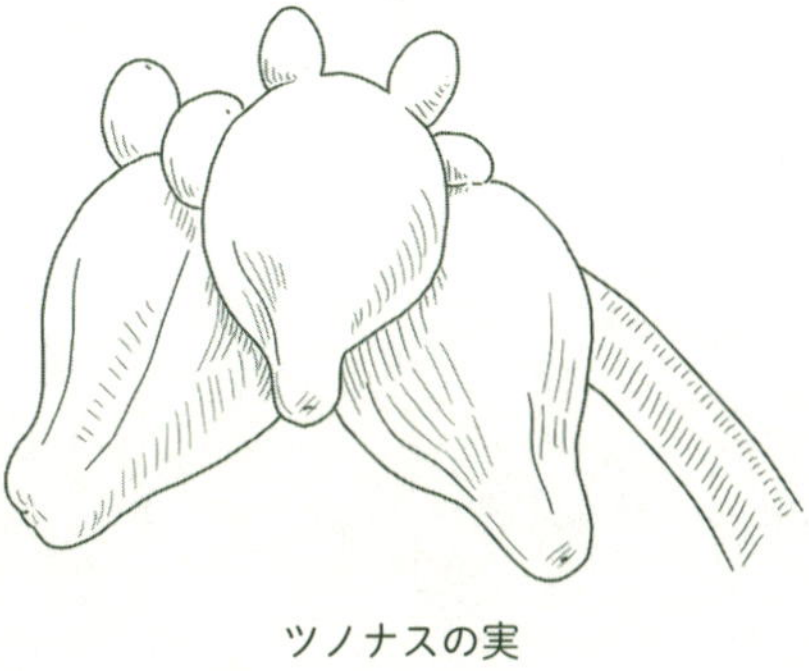

ツノナスの実

ツノナスというナス科の植物があります。その黄色い果実が面白い形をしており、観賞用として栽培されます。この植物は果実がキツネの顔に似ていることから、フォックスフェイスやキツネナス（狐茄子）と呼ばれます。また、カナリアナス（金糸雀茄子）とも呼ばれますが、これは黄色くてふっくらしているところがカナリアに似ているためです。

東京農工大学にフィリピンからきていた若い男性の留学生がこの名前を口にするのをはばかり、その理由を聞いたら真っ赤になっていましたが、それは、この植物が英語ではその果実の形から、nipplefruit（ニップルフルーツ＝乳首状の果実）と呼ばれているからです。Cow's Udder（牛の乳房）、Apple of Sodom（ソドムのリンゴ*）という別名もあります。学名の種小名の *mammosum* は

「乳房状の」の意味です。

ツノナスの実には有毒の糖アルカロイドが含まれ、食用にはなりません。しかし、コロンビアとエクアドルに住むコファン族の人はこの植物を昆虫忌避、とくにゴキブリの忌避に用いているとのことです。人間には有毒な糖アルカロイドにゴキブリを忌避する成分が含まれていると思われます。このような成分も、植物が自分の身を守っているアレロパシー物質として働いていると思われます。

＊ **ソドムのリンゴ**：旧約聖書でエホバの神によって滅ぼされたソドムと、禁断の果実であるリンゴの名から、有毒成分を含む果実をソドムのリンゴと呼ぶ。ツノナス以外に、ワルナスビやハリナスビもそう呼ばれる。

乳液を出す植物

乳液の出る植物を「チチクサ」と呼びます。たとえば、アキノノゲシ（秋の野芥子）、タンポポ類などのキク科、キキョウ（桔梗）などのキキョウ科、ガガイモ（蘿藦）などのガガイモ科、タケニグサ（竹似草、竹煮草）などのケシ科、およびトウダイグサ科などの植物があります。このような乳液に含まれる有毒成分には、発がん物質であったり、かぶれたりする皮膚の炎症を引き起こす危険な物質を含むことがあります。これらの物質の本来の意義は、昆虫や微生物などの外敵から身を守るアレロパシー作用と思われます。また、このような物質にはゴムやラテックスのようなねばねばする成分があり、これで、葉を食べようとする昆虫の口をくっつけて塞いでしまう働きも知られています。

乳液を出す植物が多いのはトウダイグサ科の植物で、かつては乳液を出さないコミカンソウもこの科に属していましたが、ミトコンドリアＤＮＡ[*1]の解析に基づく最新のＡＰＧⅢ分類[*2]ではこれがコミカンソウ科となったため、トウダイグサ科はすべて乳液を出すとわかりやすくなりました。

なおトウダイグサ科の乳液には、フォルボールエステルという発がん物質を含むことがわかっています。

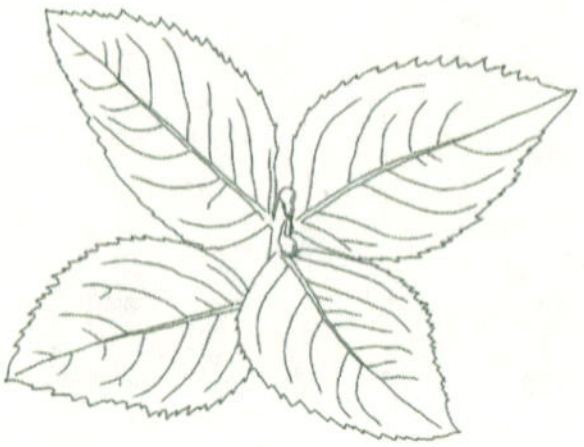

キキョウ

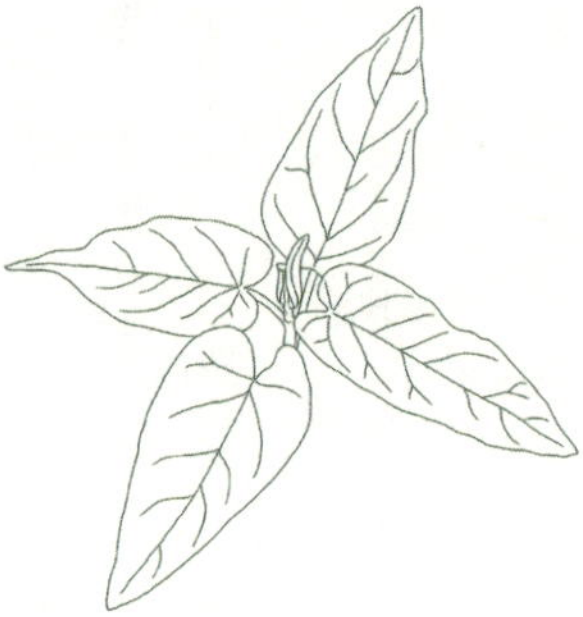

ガガイモの葉

タケニグサの葉

＊1　**ミトコンドリアDNA**：細胞小器官であるミトコンドリア内にあるDNA。核のDNAとは独立しており、母親から子に受け継がれる特性を持つ。これはミトコンドリアが細胞内に共生した他の生物に由来するという「細胞内共生説」の証拠とされる。

＊2　**APGⅢ分類**：葉緑体DNAの解析に基づく被子植物の分類体系で、二〇〇九年に発表されたAPGⅢが最新である。花などの植物の外見的な形態に基づくエングラー体系やクロンキスト体系に代わって現在分類学の主流となっている。

チチウリ（パパイヤ）の成分と有効利用

パパイヤは和名を「チチウリ（乳瓜）」といい、茎、葉、果実から白い乳液を出すことから名づけられました。性転換をする植物としても知られています。鉢植えにした雄株を、鉢から地植えにすると雌株に性転換することが知られています。栄養状態が良くなると雌に変身するのです。栽培が比較的簡単で、種子は発芽しやすく、日本でも温室であれば容易に越冬して実を収穫することができます。乳液はにちゃにちゃしており、食害する昆虫の口をふさぐ効果があるとされますが、人間はこれを利用してチューインガムにすることがあります。葉にカルパインというシステインプロテアーゼを含み、この酵素には抗がん作用があるとの宣伝もあります。医学面では筋ジストロフィーや神経変性などの病態への関与が報告されており、多くの研究が進行中のようです。また、タンパク質加水分解酵素パパインを含むので、肉類の消化を助けることから肉と一緒に調理に使われます。

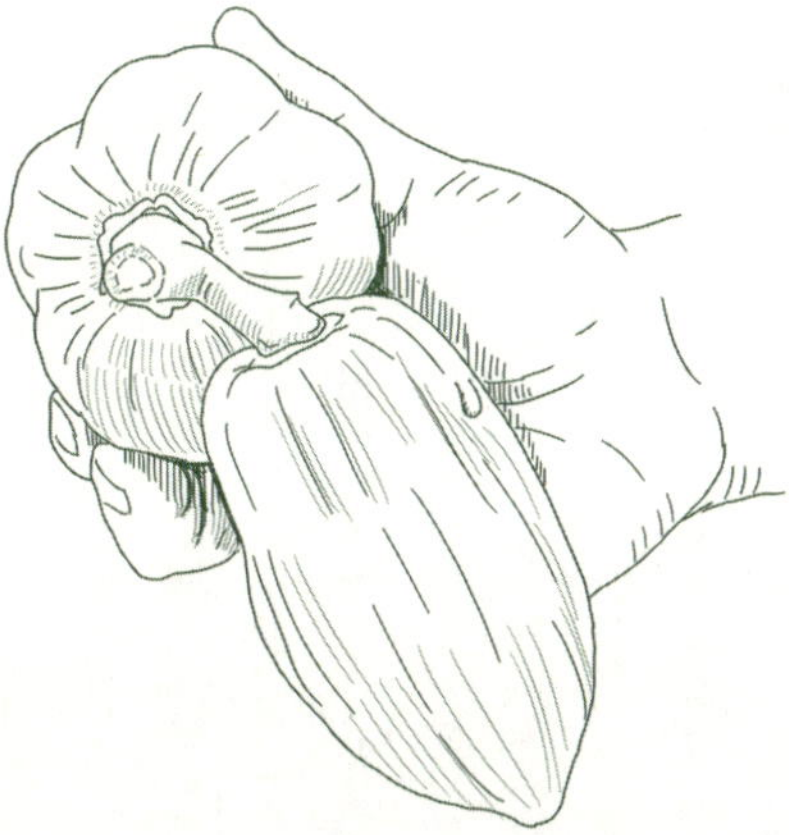

パパイヤ（チチウリ）の果実

クワの乳液の秘密

古代からカイコの餌として用いられてきたクワ（桑）の葉は、カイコ以外の昆虫に対して強い毒性と耐虫性を持ち、それがクワの葉を傷つけたとき葉脈からしみ出てくる白い乳液に含まれる成分に起因していることが明らかになっています。農研機構の今野浩太郎らがクワ乳液を分析した結果、糖代謝の阻害剤として知られる1-デオキシノジリマイシン（図⑪）などの糖（グルコース）に類似したアルカロイドが多量に含まれることがわかりました。この物質はカイコには影響がありませんが、他の昆虫には強い毒性を示しました。これはクワが乳液成分で昆虫による食害から身を守るものの、カイコはクワの防御機構を解毒できることを意味します。なお、1-デオキシノジリマイシンは血糖値低下・糖尿病予防の効果を持つことが解明され、医薬品として期待されています。世界には乳液を出す植物が何万種類も存在するので、これらから新しい生理活性物質の発見が期待されます。

クワは切れ込みが深い葉と浅い葉が共存する

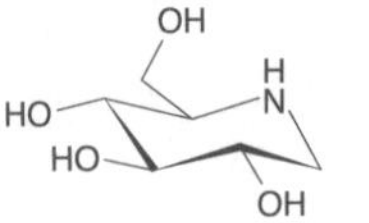

1-デオキシノジリマイシン

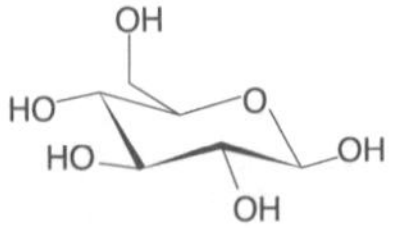

β-D-グルコース

図⑪　1-デオキシノジリマイシンとβ-D-グルコース

第3章

ネガティブ・ネーム

これまた気の毒な名前が出てきそう。

植物は悪くないんだけどね。
でも、名前から毒があるとかもわかるし、
ありがたい面もある。

バカナス、ヨメゴロシ、
ビンボウグサ……救いは
あるのか。

それだけ特徴がはっきりしてるのかも。
実際、そんな植物に触発されて偉大な
発明があった。

聞いたことある。面ファスナーでしょ。
ほかにもそんな植物はあるの？

1

罵倒・誹謗中傷に関する名前

バカとかキチガイといったひどい名前をつけられた植物があります。このような植物名には、子供によって遊びの中でつけられたものもあります。植物には罪がないのにかわいそうな気がします。しかし、牧野富太郎さんの研究に対する心構え「赭鞭一撻《しゃべんいったつ》」の項目十三に、「迩言《じげん》を察するを要す」があり、職業や男女、年齢のいかんは植物知識に関係ない、植物の呼び名、薬としての効用など、子供や女中や農夫らのいう言葉を馬鹿にしてはいけない、と書かれています。

バカナスとキチガイナスビ

ナス科のイヌホオズキ（犬酸漿）にはバカナス、チョウセンアサガオ（朝鮮朝顔）にはキチガイナスビの別名があります。これらの植物はナスの近縁植物ですが、実に有毒成分を持ち食用になりません。それで、食べられないという意味でバカ、食べると気が狂ったようになるとの意味から気違い茄子と呼ばれたようです。なお、キチガイは一九七〇年代から放送禁止用語[*]となっています。

また「バカ」は、もとは煩悩を表す僧侶の隠語の一つで、サンスクリットで「無知」、「愚痴」、「痴」を意味するmoha（莫迦）に起源があるとされています。サンスクリットを祖語とするベンガル語（バングラデシュ語）でもバカといいます。

イヌホオズキ（バカナス）は実が黒い

ちなみに、関東地方では「バカ」は軽い軽蔑、「アホ」は強い罵りを意味しますが、関西地方では、「アホ」が軽い軽蔑やむしろ親しみを意味し、「バカ」は強い罵りを意味するので注意が必要です。私の関西出身の知人が、飲み屋で知り合い、長年親しくしていた関東出身の飲み友だちに酒場で殴られた事件がありました。話を聞いてみると、この知人が長年親しみを込めて、「あほやなあ」といっていたことに対し、関東出身の人は罵りととらえて、いつもいわれることから恨みが積もっていたという誤解がありました。

植物につく「バカ」は、イノコヅチのような、どこへでもくっつく植物を呼ぶことがあります。また、ハヤトウリ（隼人瓜）のことを「バカウリ」と呼ぶことがあります。ハヤトウリは最初に鹿児島に入ってきたので薩摩隼人から「ハヤトウリ」と名づけられたそうですが、どこでも簡単に栽培できて、バカみたいにたくさん実をつけるので「バカウリ」と呼ぶようです。関東地方ではそれほど悪い意味とはいえません。

＊　**放送禁止用語**：テレビやラジオで放送が禁止されている言葉。放送事業者の自主規制であり、おもに視聴者からのクレームにより定められている。欧米では、七大卑語（shit：糞、piss：小便、tit：乳首、fuck：性交、cunt：女性性器、cocksucker：ホモセクシュアルあるいはきちがい、motherfucker：まぬけ）が禁止用語とされている。本書で扱うヘンな名前の植物の多くはこれらに関係している。

チョウセンアサガオ類と有毒成分

チョウセンアサガオはナス科なのに、ヒルガオ科植物である「アサガオ」と花の形が似ているとして命名されました。原産地は南アジアで朝鮮半島ではないのに、チョウセンの名前が入っていてヘンですが、この場合の「チョウセン」は「海外」からの意味で、決して韓国を貶めようとしたり蔑視したりする表現ではないといわれています。このほかにも、ニワゼキショウ（庭石菖）にもチョウセンアヤメという別名がありますが、北米原産です。なお、チョウセンゴミシ（朝鮮五味子）やチョウセンニンジンはほんとうに朝鮮半島原産であり、とくにチョウセンニンジンは最高級な薬草として世界的に認められています。

最近日本で増えている外来植物として、メキシコから南アメリカ原産のケチョウセンアサガオ

チョウセンアサガオの花と実

（毛朝鮮朝顔）があり、全国に広がっています。学名の*inoxia*はラテン語の*innoxia*（「無害」の意味）をスペルミスしたことがわかっていますが、この植物には有毒なアルカロイドのアトロピン、スコポラミン（ヒヨスチン）、およびヒヨスシアミンが含まれており（図⓬）、決して無害ではありません。アトロピンは天然物のヒヨスシアミンのラセミ体[*1]で、抗コリン作用[*2]を有する薬物であるため、有機リン剤中毒などの治療に用いられることがあります。また点眼すると瞳孔を開かせる作用（散瞳）があり、かつては女性が目をぱっちり見せるために使用したことがありますが、過度に点眼すると死ぬことがあります。スコポラミンにも同様の作用があり、ブチルスコポラミン臭化物として消化管の運動を抑制するので、ブスコパンという名前で、胃の内視鏡検査の前処置に、また尿路結石の疼痛時に尿管を拡張させる目的でも用いられます。しかし、記憶障害や認知障害を引き起こすので注意が必要です。チョウセンアサガオ類の植物体、種子などは猛毒で幻覚作用があり、食べると死亡することがあるので絶対に悪用してはいけません。

　チョウセンアサガオの別名に、「曼陀羅華（マンダラゲ）」があります。この花はヒガンバナの元になった天上の理想の植物「曼珠沙華《まんじゅしゃげ》」と並んで仏教では理想

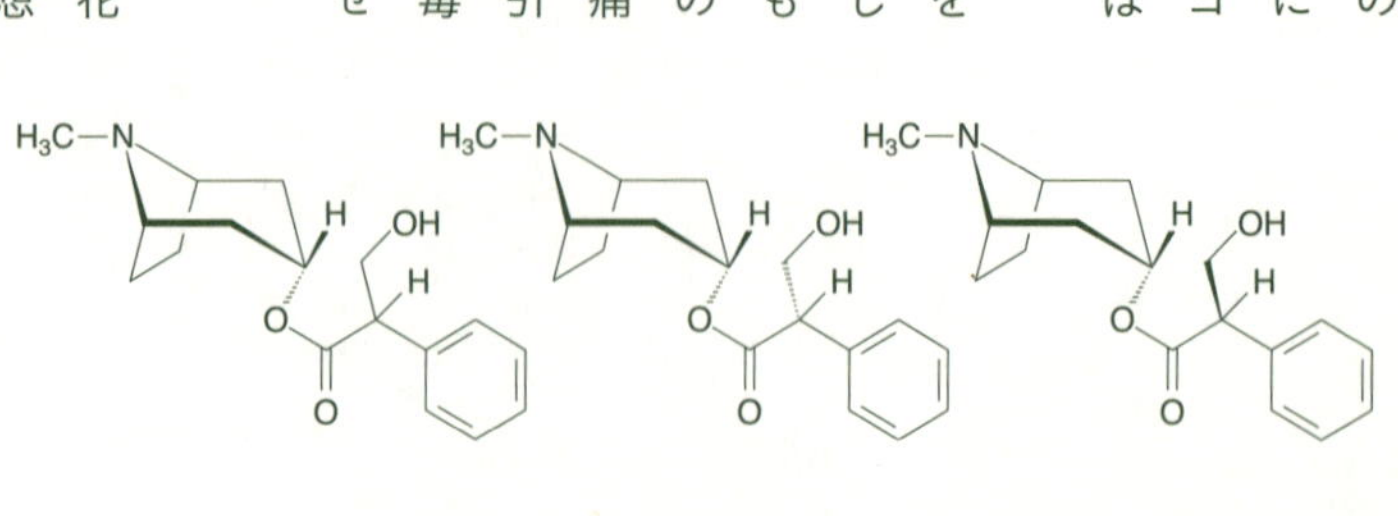

アトロピン　　L-ヒヨスシアミン　　D-ヒヨスシアミン

図⓬　アトロピンとヒヨスシアミン

的なすばらしい花を意味するのですが、曼珠沙華同様に、猛毒のチョウセンアサガオの別名になっています。有吉佐和子の小説『華岡青洲の妻』には、この曼陀羅華を麻酔薬として利用するために、嫁と姑が競ってその実験台になり、嫁は失明し、姑は死んでしまうものの、華岡青洲はそのおかげでチョウセンアサガオを原料とした麻酔薬を完成させ、乳がんの治療に成功したという壮絶な美談が、嫁姑の争いを交えて書かれています。

＊1　**ラセミ体**：二種類の鏡像異性体（お互いに鏡に写した関係にある物質）が等量存在することにより旋光性（光がある物質の中を通るときその偏光面が回転すること）を示さなくなった状態の化合物。チョウセンアサガオ中にはL-ヒヨスシアミンとして存在するが、抽出するとラセミ（DL-）体となる。このラセミ体となったDL-ヒヨスシアミンをアトロピンという。

＊2　**抗コリン作用**：副交感神経や運動神経の末端から放出され、神経刺激を伝える神経伝達物質であるアセチルコリンがアセチルコリン受容体に結合するのを阻害する作用。作用物質の中には薬として総合感冒薬や鼻炎薬に含まれているものがある。副作用として、便秘、口の渇き、胃部不快感などがある。アセチルコリンは、アセチルコリンエステラーゼ（酵素）の作用で、コリンと酢酸に分解され除去される。サリンなどの神経ガスはアセチルコリンエステラーゼを失活させるため、アセチルコリンが除去されず、痙攣、唾液過多、瞳孔の収縮などの症状が起こり死亡する。多くの殺虫剤にはアセチルコリンエステラーゼを阻害する物質が含まれている。

ブナ（山毛欅、橅、椈、柏）

Fagus crenata Blume

科 ブナ科
属 ブナ属

日本の温帯林を代表する落葉広葉樹。五月頃に葉の展開と同時に開花し、一〇月にピラミッドのような形の果実をつける。

青森県から秋田県にかけて広がる白神山地は、一九九三年一二月に日本で初めてのユネスコ世界遺産（自然遺産）に登録されました。世界遺産登録理由は「人の影響をほとんど受けていない原生的なブナの天然林が、世界最大級の規模で分布している」ためであると説明されています。

ブナは、「橅」という漢字でも示されるように、昔は用途がない、役に立たない木の意味でした。ぶんなげる木から「ぶな」になったとされます。材として狂いが多く、くさりやすく、人間の役には立たないので蔑視されていました。古代の日本人は材木として有用性の高いスギやヒノキを好みました。皮肉なことに、ブナは日本人にとっては役に立たない木であったために伐採を免れ、白神山地など全国各地で天然林が残ったと考えられています。

ブナの葉

ブナは現在では、生態学者によって、森でもっとも重要な樹木として称えられています。ブナの果実は多くの哺乳類の餌として重要であり、多くの生物の餌となっています。ブナはたくさんの小さな実をつけるため寿命が二〇〇年ほどと短く、四〇〇年以上の樹齢の古木はまれです。自然に倒れたブナは、ほかの樹木や生物に養分を供給します。白神山地には四〇〇〇種の生き物が棲息しているといわれ、この地域から新しい酵母菌や乳酸菌が発見され商品化されようとしています。

白神山地は世界遺産登録の前後に禁猟区に指定されました。これに伴い伝統的なマタギ*による狩猟も禁止されたことから、マタギ文化が消失してしまうという批判があります。自然保護のために、全面的に禁猟にした結果、マタギなどのように、そこで生活の糧を得ていた人たちの狩猟まで規制するのはおかしいとの批判です。

ブナは成長すると、根から毒素を出して一番元気なもののみが生き残るといわれています。この現象の原因はまだ解明されていないのですが、このような現象が植物から放出される物質で説明できるなら、アレロパシー現象であるといえます。ドイツではブナ（ヨーロッパブナ）は攻撃的な広葉樹であるとされ、どのような土壌でも旺盛に生育し密に茂る樹冠をつくるので、人間が管理せず自然に任せた場合、ドイツの国土の大部分はブナ林かブナの混交林になると考えられています。ある地域では在来種として尊重されたり保護対象となっている植物が、別の地域では侵略的な植物であるとして管理の対象となっている事例は、ススキ、コンブ、クズ、セイタカアワダチソウなどたくさんあります。守るべきか制御すべきかは、生態系内での状況や人間の判断によって変わるものであるといえます。

　ブナは「隔年結果《かくねんけっか》」という現象が強いことが知られています。隔年結果とは果実の収量が一年おきに大幅に増減する現象のことです。ブナの場合、同じ地域で同調して隔年結果する傾向が強く、生《な》り年《どし》と不生り年（裏年《うらどし》）を一年おきに繰り返すことが知られています。そのため、ブナが結実不良となった年には、クマの食物が不足し山から里に下りてきて大量に出没して問題となっています。隔年結果は、ミカン、リンゴ、カキ、コーヒーなど多くの果樹で見られる現象ですが、その原因についてはよくわかっていません。栄養の分配、植物ホルモンや生育阻害物質の関与などが疑われていますが、地域的に同調して起こる現象には環境の影響が考えられ、真の理由は植物生理学的には十分に説明されていません。

＊　**マタギ**：関東以北の山岳地帯で、伝統的な方法で狩猟を行う集団。その歴史は平安時代までさかのぼる。

シキミ（樒、櫁、梻）

科 マツブサ科
属 シキミ属

Illicium anisatum L.

日本の山地に生えている常緑樹。春に淡黄色の、先端がプロペラのように少しねじれた形の花を咲かせる。実は八角形をしている。

シキミも悪い名前です。「悪《あ》しき実《み》」からシキミと名がつきました。実だけでなく、花や葉、根から茎にいたるまでの全体に毒成分を含みますが、とくに、種子にアニサチン（図⑬左）などの有毒物質を含み、食べると死亡する事故が多いため、シキミの実は植物としては唯一、「毒物及び劇物取締法」により劇物に指定されています。ちなみに劇物の定義は、大人が誤飲した場合の致死量が、二〜二〇グラム程度のもの。あるいは刺激性が著しく大きいものです。

シキミは昔から、仏前にお供えしたり、葬式や仏事に用いられてきました。古代は神事にも使われていました。葉や樹皮から抹香や線香をつくります。シキミは栽培されず山採りされたので

シキミの葉

産地が絶滅し利用が減っているようですが、関西地方ではいまでも使われます。死者の枕もとに一本だけ供えたり、死に水*を取るときにシキミの葉に水をつけて取られました。納棺するときには葉を敷き、臭気を消すために用いられました。シキミを挿した水は腐りにくいことが知られています。これらはシキミに含まれる殺菌・防腐物質を利用しているためと考えられます。お葬式や死人と関係が深いので、縁起が悪いと考えられました。

　アニサチンはヒトのγ-アミノ酪酸（GABA）受容体に作用して神経毒性を呈し、痙攣などの症状を引き起こし死亡させる強い毒性があります（GABAの作用は64ページ参照）。ウシなどの家畜でも中毒して死亡する例が報告されています。半数致死量LD50（78ページ参照）は、マウスで一ミリグラム／キログラムと強い毒物です。

　一方、シキミの実からシキミ酸（図⓭右）が発見されました。シキミ酸という名前は日本名のシキミに由来しますが、発見者はヨハン・フレデリック・エイクマンです。エイクマンはオランダ人の薬学者で、明治時代にお雇い外国人として来日し植物成分の研究を行い、日本薬局方の作

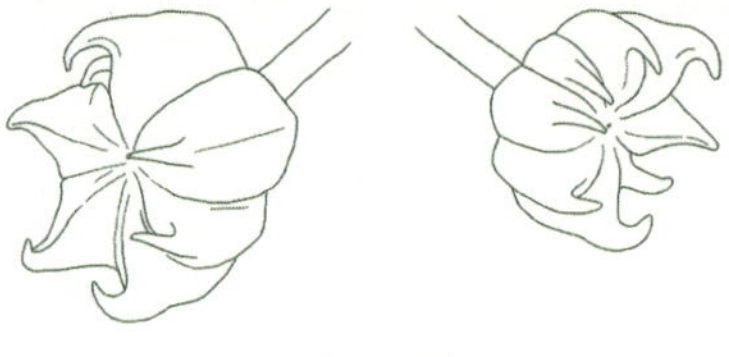

シキミの実

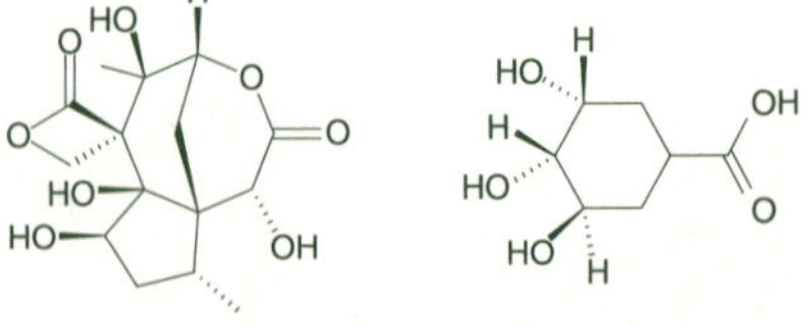

アニサチン　　シキミ酸

図⓭　アニサチンとシキミ酸

成に貢献するなど日本の薬学の基礎を築いた人です。シキミ酸は植物に特有の二次代謝物質の生合成経路の一つであるシキミ酸経路の出発物質です。植物はシキミ酸経路によって人間にとって必須アミノ酸であるフェニルアラニン、トリプトファンなどの芳香族アミノ酸を合成し、フラボノイド類やモルヒネなどのアルカロイド、キニーネなどの薬用成分を合成することができます。

シキミ酸はシキミに近縁のトウシキミ（唐樒）の果実にも含まれています。この実は八角《はっかく》あるいはスターアニスと呼ばれ、漢方薬や中華料理の材料です。最近、シキミ酸からインフルエンザの治療薬オセルタミビル（タミフル）が合成できることから、八角の需要が高まり価格が高騰する事件がありました。

＊　**死に水**：「末期《まつご》の水」ともいい、息を引き取った人の口元を、水で潤すこと。仏教では、人が死んであの世に行くと飲食ができなくなると考えられており、死に水は、最後に水をあげてあの世へと送り出してあげたいという意味があり、死にゆく人との最後の別れの儀式である。

クズ（葛）

科 マメ科
属 クズ属

Pueraria lobata Ohwi

日本各地に生えるつる性の多年草。つるには褐色の粗い毛があり、葉は大きく長い葉柄がある。秋に二〇センチメートルほどの紫紅色の蝶のような形の花をつける。

クズは日本原産で、各地の山野に普通に見られます。塊根から葛粉や漢方薬の葛根湯がつくられる有用植物ですが、海外に持ち出され雑草化して注目されています。

クズはうらみ草

クズの語源は、昔、大和国（現在の奈良県）吉野川（紀の川）上流の国栖《くず》が葛粉の産地であったことに由来するとされています。一方、クズには「恨《うら》み草《ぐさ》」という別名があります。クズの葉は、夜は葉先を下に向けて閉じて表を見せますが、暑い日の昼は表を合わせるように葉を立てて閉じて白い裏側を見せます。また、その葉が風に翻ったとき、葉の裏が白く見えることから、「裏

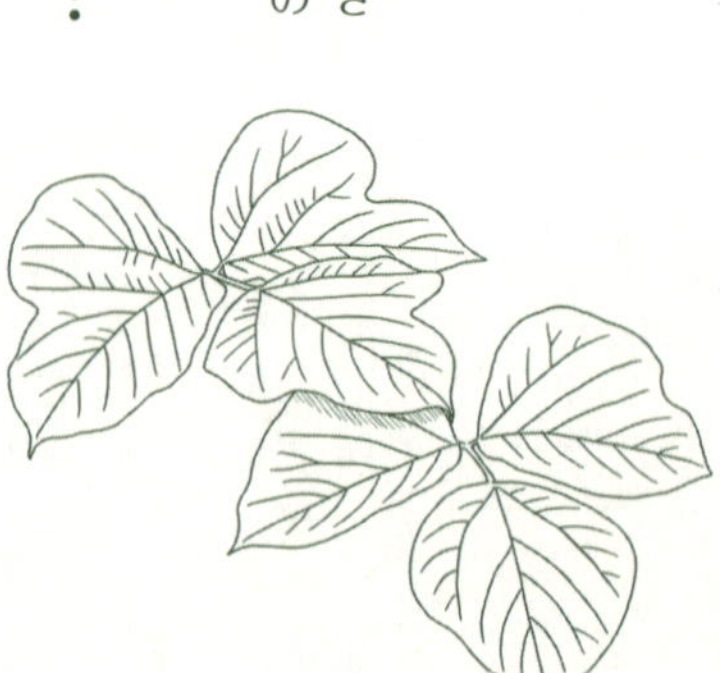

クズの葉

見草」と呼ばれ、これが恨みに転じたようです。

平安時代にはクズと恨みを結びつけた和歌がたくさん詠まれました。おもに恋の恨みに関するものですが、『古今和歌集』では平貞文が「秋風の　吹き裏返し　葛の葉の　葉の裏見れば　恨めしきかな」（八二三）と、『新古今和歌集』では和泉式部が「あきかぜは　すごく吹くとも　くずの葉の　うらみがほには　見えじとぞ思ふ」と、恋の恨みを詠んでいます。

大阪府和泉市の信太《しのだ》森《もり》葛葉《くずのは》稲荷《いなり》神社は、有名な陰陽師・安倍晴明の母親は狐で、その名前が「葛の葉」だったことに由来します。晴明が五歳のときに正体を知られてしまった葛の葉は、「恋しくば　尋ねきてみよ　和泉なる　信太の森の　うらみ葛の葉」という歌を残し、森に消えていったとされます。「うらみ葛の葉」とは、葛の別名「裏見草」の意味で、前述のとおり葉の裏が白いことを意味するといわれますが、花が葉の裏にかくれて咲くため、裏を見なさいという意味ともいわれています。

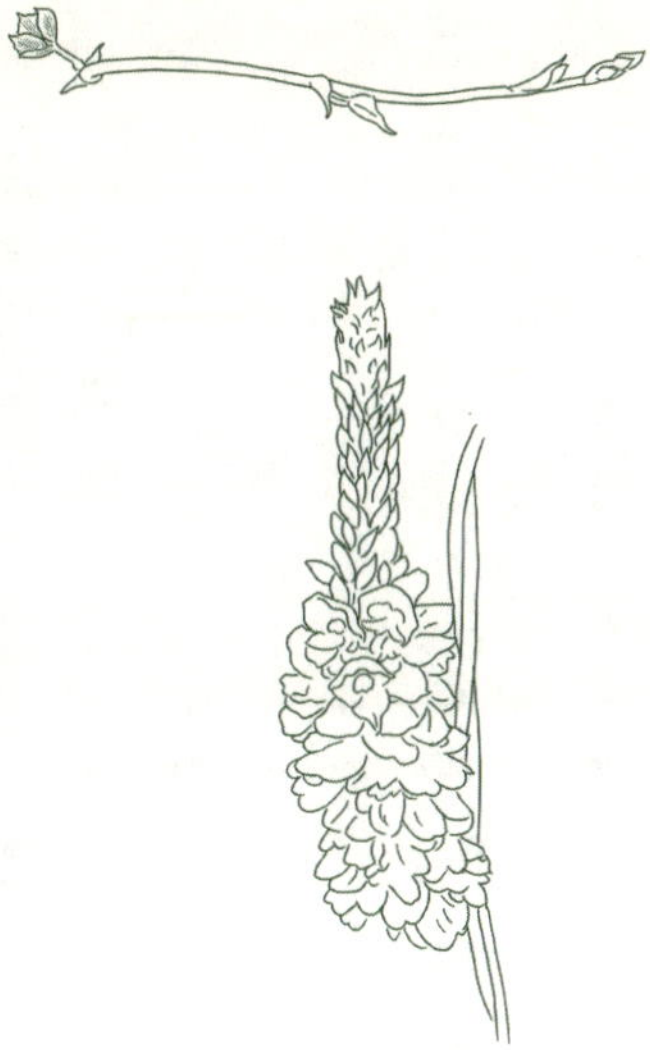

クズのつると花

クズは日本から世界に広がり侵略的外来種となっている

クズは『万葉集』の時代から歌にたくさん詠まれており、山上憶良の「萩の花　尾花　葛花なでしこの花　をみなへし　また藤袴　朝顔の花」（巻八・一五三八）と秋の七草を詠んだ歌でも出てきます。この歌に詠まれている順番は絶妙で、現在でもこの順番に繁栄しています。すなわち、ハギ、ススキ（尾花）、クズは現在も旺盛に繁殖しており、ナデシコも残っていますが、後半に出てくるオミナエシ、フジバカマ、キキョウは絶滅が心配されています。

なかでもクズは健在で、日本各地でほかの樹木はおろか、電線やフェンスにもよじ登って問題となり、アメリカ合衆国やヨーロッパにも導入され雑草化しています。秋の七草のなかで現在でも旺盛に生育し、さらに海外にも勢力を広げているのはクズだけです。クズは長さ一〇メートル以上になる丈夫なつるを伸ばしてはびこり、基部は木質化し、防除困難な植物でもあるのです。

アメリカ合衆国では、一九二〇年代にフロリダの園芸業者がクズを家畜飼料にするため通信販売を開始し、一九三〇年代の大恐慌の時代には、土壌を風化や侵食から守る効果が注目されて、失業者対策を兼ねてこれを荒地に多く植えました。一九四〇年代には農家がクズを植えることに奨励補助金まで出しています。一九五〇年代には日本から一〇トンもの種子がアメリカに輸出されました。テネシー川流域総合開発計画（ＴＶＡ）での緑化にも多大な貢献をしたと評価されています。

ところが、その強い繁殖力のため、アメリカ政府は一九五三年以降クズの普及促進を止めました。とくに南部の気候はクズに適しており、成長が早く一日に一フィート（約三〇センチメートル）伸びると報告されます。現在、アーカンソー州やミシシッピー州などの南部では、道路沿いに果てしなくクズの繁みが続く風景が見られます。英語名もkudzu（カズあるいはキューズと発音される）と呼ばれ、嫌われ者の代名詞となっています。

クズは除草剤に抵抗性があり、グリホサート（商品名「ラウンドアップ」など）の低濃度の散布ではかえって成長促進することがあります。クズ退治には四年から八年にわたる根気よい除草剤散布が必要とされ、アメリカ農業省は一九七二年にクズをやっかいな雑草と認定しています。

しかしクズの有用性については、日本ではよく知られています。日本では根のデンプンを葛粉として食べ、葛根湯は万能の漢方薬です。クズの地方名としてはウマノボタモチ（千葉）とかウマノオコワ（群馬）があります。中尾佐助によるとクズのデンプンを食する文化は、照葉樹林帯からメラネシアにいたる広い地域に見られます。クズの雑草としての害作用ばかり強調するのではなく、有用性を考え、資源植物として利用してほしいものです。

クズを殺さない新しい防除法

クズはつる性で、ほかの樹木はおろか、電線やフェンスにもよじ登って日本全国で問題となっています（図⑭）。クズに効く除草剤も開発されていますが、クズを根絶することは困難であり、新たな防除法が望まれています。

私たちの最近の研究では、クズのようなつる性植物の巻きつき防止に関係した成分を調べています。つる性植物は、その巻きつきを防止してあげれば被害が少なくなることから、巻きつき防止物質の研究を行っているのです。つるの巻きつきには、重力屈性*と、細胞壁の形成が重要であることがわかっています。これまでに数種の有望な物質を見つけ特許を申請しています。これらの物質を使えば、クズを殺すことなく、被害のみを防止できると期待しています。

図⑭　電線に巻きつくクズ

＊　**重力屈性**：植物は重力の影響を受けて、根を重力の方向に伸ばす。これを正の重力屈性という。地上部は逆に、重力に逆らって伸びようとする。これを負の重力屈性という。重力屈性には植物ホルモンが関係し、植物には重力を感知するしくみがあることがわかっているが、まだ完全に解明されていない。

コラム⑥

恨みを耐え忍ぶことが争いをなくす

ブッダの教えに、「恨みに報いるに恨みを持ってすればついに恨みのやむことがない。耐え忍ぶことによって恨みはやむ。これは永遠の真理である」（『スッタニパータ　ブッダのことば』があります。

第二次世界大戦のあと、一九五一年のサンフランシスコ講和会議のとき、各国代表が日本に対して損害賠償を強く求めて演説したのに対し、セイロン（現スリランカ）の代表として参加したジャヤワルダナ（当時は外務大臣）は、このブッダの教えを引用して、「憎悪は憎悪によって止むことはなく、慈愛によって止む」と演説し、セイロンは日本に対する損害賠償を一切放棄するという演説を行いました。この演説は、日本から賠償金を少しでも多く取ろうと発言していた各国代表の心を動かし、これがきっかけとなって、日本が国際社会に復帰する道が開かれました。

日本はこれに感謝し、スリランカに対して、二〇一五年までに一兆円の有償資金協力と、二〇〇〇億円の無償援助、八〇〇億円のJICA技術協力を行いました。ジャヤワルダナは国内でも人望があり、その後スリランカの大統領に選ばれ善政をしき、首都がコロンボから「スリジャヤワルダナプラコッテ」に変更されました。現在、この名前は世界で実質的に一番長い首都の名前として有名です。

現在も世界中で争いが絶えません。恨みをいつまでも忘れないことが怒りをエスカレートさせ戦争を引き起こします。怒ることで、戦闘ホルモンであるアドレナリンが分泌され怒りがさらに増幅されて、喧嘩などでは興奮のあまり理性を失い相手を殺してしまうことがあります。クズを目にしたときには、この草の別名「恨み草」を思い出し、恨みを忘れ耐え忍ぶことが重要であるというブッダの教えを思い出して欲しいと思います。

2

虐待に関する名前

虐待するのは人間や動物だけで、植物には見られません。動物は自分の遺伝子を残そうとして、本能的に血のつながりのない子供をいじめ排除しようとすることがあります。植物にはアレロパシー現象があり、ほかの植物・昆虫・微生物の生育を阻害することがありますが、自分の身を守ろうとする防衛反応であり、相手を殺してしまうほどの作用ではありません。植物にはいじめや虐待がないのに、動物からの類推でひどい名前をつけられた植物はかわいそうです。

ママコノシリヌグイ（継子の尻拭い）

科 タデ科
属 イヌタデ属

Persicaria senticosa

日本全国の林縁や道端に生える一年草。六月から一〇月に先が桃色で根元が白い花をつけるが、これは花被（かひ）という萼（がく）である。

ママコノシリヌグイとはひどい名前ですが、韓国でも嫁いびりに関係した名前の「嫁の尻拭き草」と呼ばれます。

ママコノシリヌグイはトゲのある茎で他の植物などに寄りかかりながら伸びます。つるの長さは一～二メートル程度です。茎は四角形をしており、その角にそって下向きのトゲが並んでいます。

なぜこの草を「継子の尻ぬぐい」と呼ぶのでしょうか。これは昔の日本でのお尻の拭き方がわからないと理解できません。かつて日本では、紙を使わず「縄」で拭いていました。縄は少しず

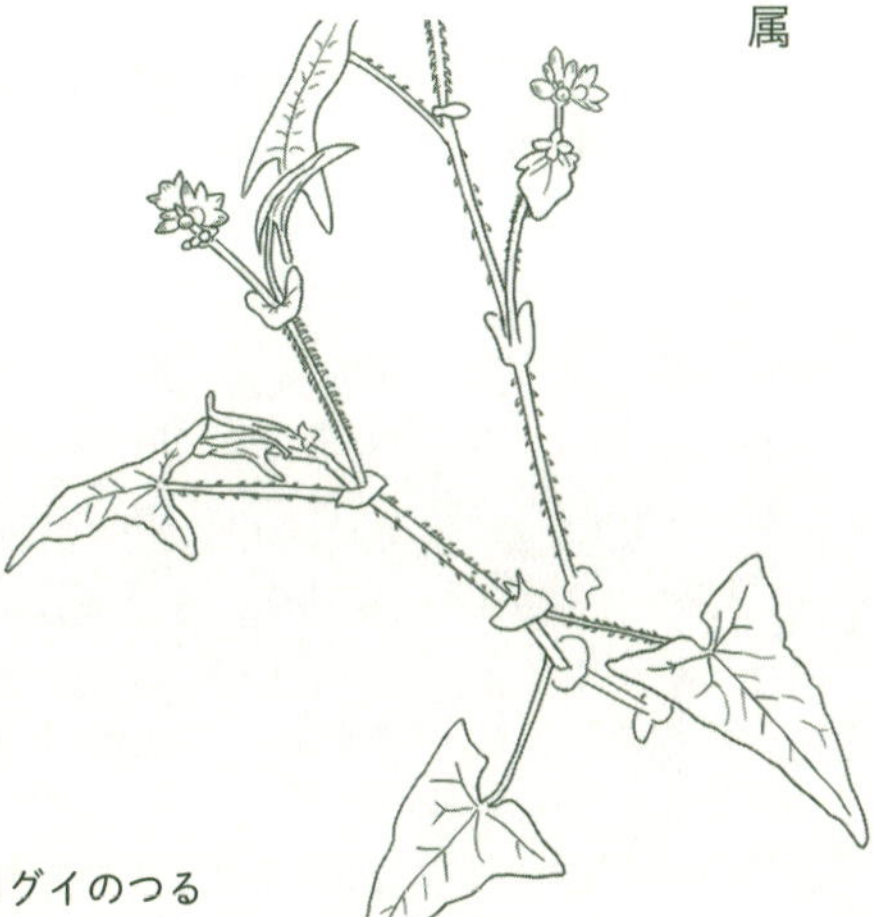

ママコノシリヌグイのつる

つずらして使うそうです。名古屋の植物園のトイレには復元した「縄」が置いてあると聞きましたが確かめていません。昔の人はこのように縄でお尻を拭いていたので、この縄にもしトゲトゲがあったら痛いだろうなと考えたようです。自分の子供にはかわいそうだけれど、自分の遺伝子を持たない継子にならやりかねないと昔の人は考えたのでしょう。継子は自分と血のつながりがない子供であり、動物は本能的に自分の遺伝子だけを残したいと考え、継子を大切にしないようです。

お尻を拭く材料については、ラブレーの『ガルガンチュア物語』*に面白い記述があります。第13章に、いろいろなものでお尻を拭いてみた研究結果が書かれています。腰元のビロードの小頭巾、腰元の帽子、襟巻き、真青なシュスの頭巾耳当、母上の手袋、秣《まぐさ》や麦藁や麻屑や獣の抜け毛や紙、鵞鳥の子の首を股ぐらに挟んでやるのに限る、といろいろ試しています。『ガルガンチュア物語』にはいろいろな話が出てくるのですが、私にはこのエピソードがもっとも印象に残っています。

日本の山村では、お尻を拭くのに「籌木《ちゅうぎ》」という細長い木製の板を使っていました。糞篦（くそべら、くそへら）ともいいます。森林資源が豊かな山村では、金を出さなければ手に入らない紙よりもずっと入手しやすく、安価なものとして昭和初期まで使われていたようです。このような木では後述するように、健康な場合はよいのですが、下痢のときは困ると思われます。材料はスギ、ヒノキ、マツ、クリ、クルミなどが使われました。やはりにおいの良い樹木が好まれたようです。なお、水戸光圀公が隠居後に暮らした西山荘（茨城県水戸市）には小便器が再現されており、杉の葉が敷き詰められて、気になる音とにおいを消していました。

植物の葉の利用では、北日本ではフキ、沖縄ではユウナ（オオハマボウ（大浜朴））など柔らかくて大きな葉を使っていたとの説があります。お尻を拭くからフキといったとの説がありますが、フキの古名は「フフキ」であり、少しの風でも揺れることから、「ハフキ（葉吹き）」、フフキ（風吹き）」からきたとの説が有力です。そのほかにお尻を拭いたものとして、トチノキ、ホオノキなど堅い葉を切断した断面、乾燥させた水草などがあったといわれています。

＊『**ガルガンチュア物語**』：ルネサンス時代の一五三〇年頃に、フランスのフランソワ・ラブレーが著した風刺物語。ラブレーは医者でもあった。なお、「ガルガンチュア」の名前の由来は、彼が生まれたときにお父さんがいった「おまえのはでっかいわい！（ク・グラン・チュ・ア）」で、「でっかい」のは上品な翻訳では「咽喉仏」とされ、大食漢の意味とされる。

コラム⑦

野生動物や健康な人はお尻を拭かなくてもよい

『ガルガンチュア物語』ではお尻を拭く材料や方法について研究していますが、野生動物はお尻を拭きません。野生動物の場合、便をするときには肛門（直腸）が体外に出てきて排便し、終わるとひっこめるので拭く必要がないのです。ヒトは直立歩行するようになってこれができなくなりました。しかし健康な人の場合、便がするっと出て、肛門周辺には何もつかず紙を使う必要がないことがあります。これは水分量と関係があることがわかっており、この水分量を「限界水分」といいます。学生時代に土壌学の授業で、この状態の土の水分量と大便と肛門の清潔性の関係を川口桂三郎先生から教わりました。ほかの重要なことは忘れてしまったのですが、この関係だけは印象深くいまもよく覚えています。土壌や便は、含水比の減少に伴い、液体から塑性体、さらに半固体の状態を経て固体になります。液体と塑性体の境界を液性限界、塑性体と半固体の境界を塑性限界、半固体と固体の境界を収縮限界と呼びます。これらの境界の含水比を総称して「コンシステンシー限界」と呼び、この試験法の確立に功績のあった人の名から「アッターベルグ限界」とも呼びます。理想的な大便は、含まれる水分が七〇～八〇％程度で、バナナ二本分の形と量であるとされています。

なお、最近は洋式便器が普及し、座って用が足せるので、足腰の弱った高齢者にも楽になりました。しかし、古式の和式便器は肛門が広がるので便が肛門の周りに付着しにくい利点があります。また、足腰も強くなります。さらに、海外旅行に行ったとき、大草原やジャングルなど、トイレのない場所で役立ちます。現代の若い人は洋式便器しか使ったことがないので、野糞ができないのではないかと心配です。昔の小学校や中学校には和式便器がありました。危機管理やサバイバルとして、子供たちに、日本の伝統である和式便器でのトイレの方法も教えてあげるべきではないかと考えます。

リュウゼツラン（竜舌蘭）

科 リュウゼツラン科
属 アガベ属

Agave americana f. marginata

メキシコからアメリカ南部原産の多年生植物。観賞用に日本各地で栽培されるが花をつけるまでに数十年かかり、花が咲くと枯れてしまう。

リュウゼツラン（竜舌蘭）のことを、イランでは「継母の舌」と呼ぶそうです。イランを訪問したとき、現地でこの呼び名を聞いて驚きました。リュウゼツランの葉は肉厚の剣のような形で、縁には棘状の鋸歯《きょし》が生えており、アロエが大きくなったような見た目です。和名はその葉を竜の舌にたとえて竜舌蘭と名づけられました。継母が、自分の遺伝子を持っていない子を排除して自分の遺伝子を後世に残そうとするのは、生物にとっては自然な行為なのかもしれません。インドなどに生息するサルのハヌマンラングールで観察された血のつながらない子殺し[*1]の観察は有名です。また、このような行動はライ

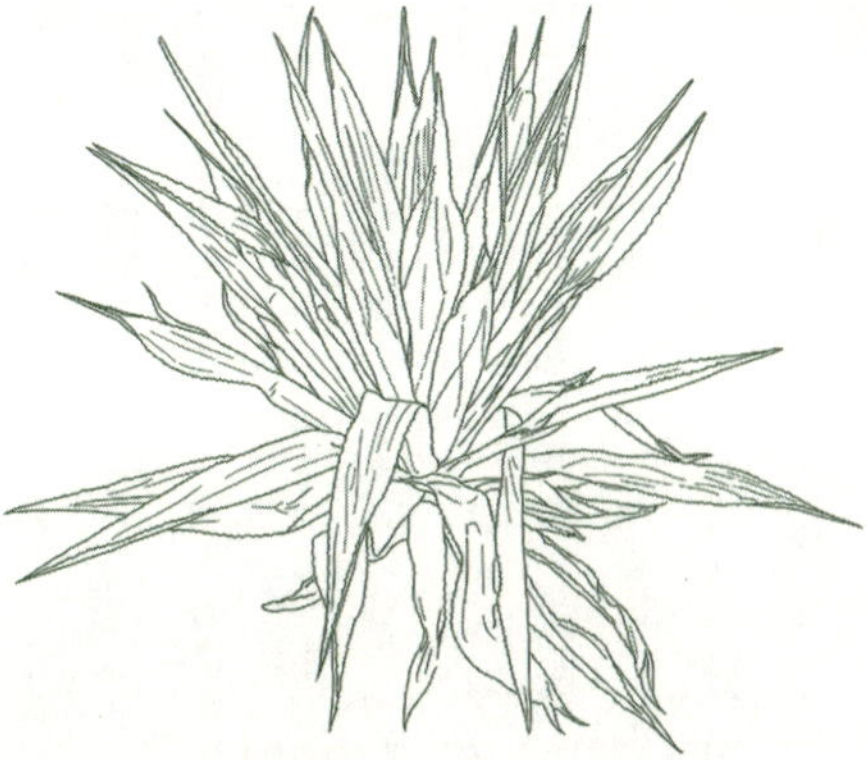

リュウゼツランの葉

オンの殺しなどでも見られ、利己的な遺伝子のためであるという説[*2]があります。

しかし、人間の場合は、他人の子供でも引き取って育ててあげよう、困っている人がいると放っておけない、助けてあげようとする親切な人がいます。このような人と、そうでない人は、脳の構造が異なっている可能性があることが報告されています。二〇一四年にアメリカ・ケンタッキー州ジョージタウン大学のマーシュらは、他人に親切な利他的な人は、脳のなかで感情をつかさどる扁桃体《へんとうたい》が大きく、利己的な人は小さいと報告しています。扁桃体は、ヒト脳内で発達している神経細胞の集まりですが、大きな扁桃体を持つ人は、他者の不安や怯えを繊細に感じることができるといいます。サイコパス（精神病質者）の扁桃体は標準よりも小さく、他人の怯えや不安の表情に対してほとんど反応をしないということです。人間は自分の遺伝子に近い遺伝子を持った人を友人に選ぶという研究もあります。このような扁桃体の構造の違いは先天的なものではなく、教育や環境による後天的なものである可能性もあります。

最近の研究では、ネアンデルタール人はホモサピエンスよりもむしろ体や脳が大きく、優れた種であったものの、家族単位で生活し、大きな集団をつくって助け合わなかったために、氷河時代の環境の大きな変化に対応できず滅んでしまったが、私たちの祖先のホモサピエンスは群れをつくり、互いに助け合い、他人の子供も助けたので生き残れたとする説があります。ママコノシリヌグイやママハハノシタの名前は、自分の遺伝子を持たない子供もいじめずに助けてあげなさいというホモサピエンスの知恵ではないかと思います。

なお、リュウゼツランはメキシコなどの熱帯アメリカに自生しており、強いお酒テキーラの原料になることで有名です。開花は五〇年から七〇年に一度で、開花すると枯れるので、英語名は「センチュリープラント（百年植物）」（71ページ参照）といいます。

＊1　**ハヌマンラングールの子殺し**：ハヌマンラングールはオナガザル科のサル。雄が多数の雌の群れをハーレムとして持ち、雌たちとのあいだで子供をつくる。生まれた雄は群れから出て若い雄の群れをつくる。成長した雄はハーレムを持つ雄に攻撃を仕掛け、群れを乗っ取る。乗っ取った雄は、群れの雌が育てている前の雄とのあいだにできた子供をすべて殺してしまう。（杉山幸丸、一九六二年）

＊2　**利己的な遺伝子**：生物にとって一番大事なことは「遺伝子を残し増やすこと」にある。個体は遺伝子の乗り物にすぎず、遺伝子がその乗り物を支配して、自己をなるべく多く複製しようとしているとする説（ドーキンス『利己的な遺伝子』紀伊國屋書店、一九九一年）。自分の遺伝子を持たない継子（前の男性とのあいだに生まれた子供）を男性が虐待することが多いのは、ハヌマンラングールの子殺し現象と同じであり、自分の遺伝子だけを残したいという遺伝子の意思であると考えられる。

ヨメゴロシ（ヒョウタンボク）

Lonicera tschonoskii Maxim.

科 スイカズラ科
属 スイカズラ属

日本海側の山野や海岸に生える樹木。四月から六月に白い花と黄色い花が入り混じって咲くので金銀木（キンギンボク）とも呼ばれる。

ヒョウタンボク（瓢箪木）は日本固有種です。スイカズラ科の植物で白～黄色～赤い美しい花が咲きますが、ヨメゴロシ（嫁殺し）というひどい名前があります。実が赤くひょうたんのような形をしているのでヒョウタンボクといいます。この実は赤くてとてもおいしそうに見えるものの、じつは猛毒があります。なおヒョウタンボクの場合、葉の上に直接花が咲いて実ができます。*

このヒョウタンボクはなぜ、ヨメゴロシという恐ろしい名前がついたのでしょうか。昔、農家の嫁は虐待されていて、残り物を食べさせられ、ひもじかったようです。この木の赤い実がおいしそうで、これを食べて死んだ事例があったのかもしれません。しかし、農家のお嫁さんは家

ヒョウタンボクの葉と実

事・農作業にも子孫を残すためにも重要な存在なので、殺してしまっては困ります。お嫁さんが遠慮して赤くておいしそうな実を食べて死なないように、気をつけるようにという意味かもしれません。ちょうど、「秋ナスは嫁に食わすな」という格言が、秋ナスはおいしいから嫁に食べさせないという意味ではなく、秋ナスはおいしいけれど少し毒もあって体を冷やす、あるいは種が少ないので子どもができないといけないから、嫁には食べさせるなという嫁を大切に思う意味であるとの説と同じかもしれません。

なお、ヒョウタンボクの実の毒成分は研究されていないようで、文献がありません。ただ、ヒョウタンボクと同じスイカズラ科の植物は自然界で生存競争に強いことが知られています。日本原産のスイカズラは日本ではそれほど目立つ植物ではありませんが、アメリカ合衆国やヨーロッパでは侵略的外来種になっています。アレロパシー活性も強い植物です。

＊　このような植物は少なく見た人は驚く。しかし葉の上に直接花が咲いて実ができる現象はたまに見られる。花はもともと葉から進化したものだからである。たとえば、ハナイカダ（花筏）も葉の上に花が咲いて筏のように見える。ハナイカダの別名はヨメノナミダ（嫁の涙）。嫁が姑（あるいはお殿様という説もある）に辛い思いをさせられ、流した涙がハナイカダの葉に落ちて花になったという伝説があり、ヨメゴロシと似ている。ほかにもママッコという別名もある。また、ナギイカダ（梛筏）も葉の上に花が咲き、この状態を筏にたとえたのであろう。絶妙な命名で、昔の人の風流な感性に感服する。

3

盗人・ドロボウに関する名前

多くの雑草が「ドロボウグサ」の名前で呼ばれます。その多くは、種子が人間や動物にくっついて広がる「ひっつきむし型」の植物です。つき方の分類として、①細いカギがたくさんついているヌスビトハギ類、②針の先がかぎになっているオナモミ類、③さかさのトゲを持っているセンダングサ類、イノコヅチ類などがあります。

ヌスビトハギの類

Desmodium sp.

科 マメ科
属 ヌスビトハギ属

ドロボウグサその1は、マメ科のヌスビトハギ（盗人萩）、アレチヌスビトハギ（荒地盗人萩）の類です。その豆果《とうか》はくびれており、ヌスビトハギでは二つ、アレチヌスビトハギでは四つに分かれています。種子散布には、果実を動物に付着させて遠くまで運んでもらう方法（付着散布法）をとっています。果実の表面にJ字形の突起が密生していて、この突起で動物の体に付着します。果実は平べったくなっており、表面積を増やして付着しやすくしています。この果実の形が足音をさせないように爪先立ちになった盗人の足跡に似ていることからヌスビトハギとなったとの説があります。別の説として、この種子をくっつけているのは人が通らないところを歩いた泥棒のことが多いからとの説があります。これとは別に、ラン科のオニノヤガラ（鬼の矢柄）は「ヌスビトノアシ（盗人の足）」と呼ばれることがあります。その由来は、根茎の形がヌスビトハギと同様に爪先立ちになった盗人の足に似ているからといわれます。漢方薬名は「天麻」で中国では重要な薬草です。

ヌスビトハギの仲間はアレロパシー活性が強く、アフリカでは、大きな問題となっている寄生植物のストライガの防除に利用されています。ストライガは日本には侵入していない雑草ですが、イネ科のソルガムやトウモロコシなどに寄生する恐ろしい植物で、きれいな花が咲きますが、これに寄生されると養分を吸い取られ、穀物の収量が激減したり枯死したりしてしまいます。この寄生植物の防除に関する研究が行われており、神戸大学の杉本幸裕教授らは発芽促進物質ストリゴールを用いた防除法を研究されています。

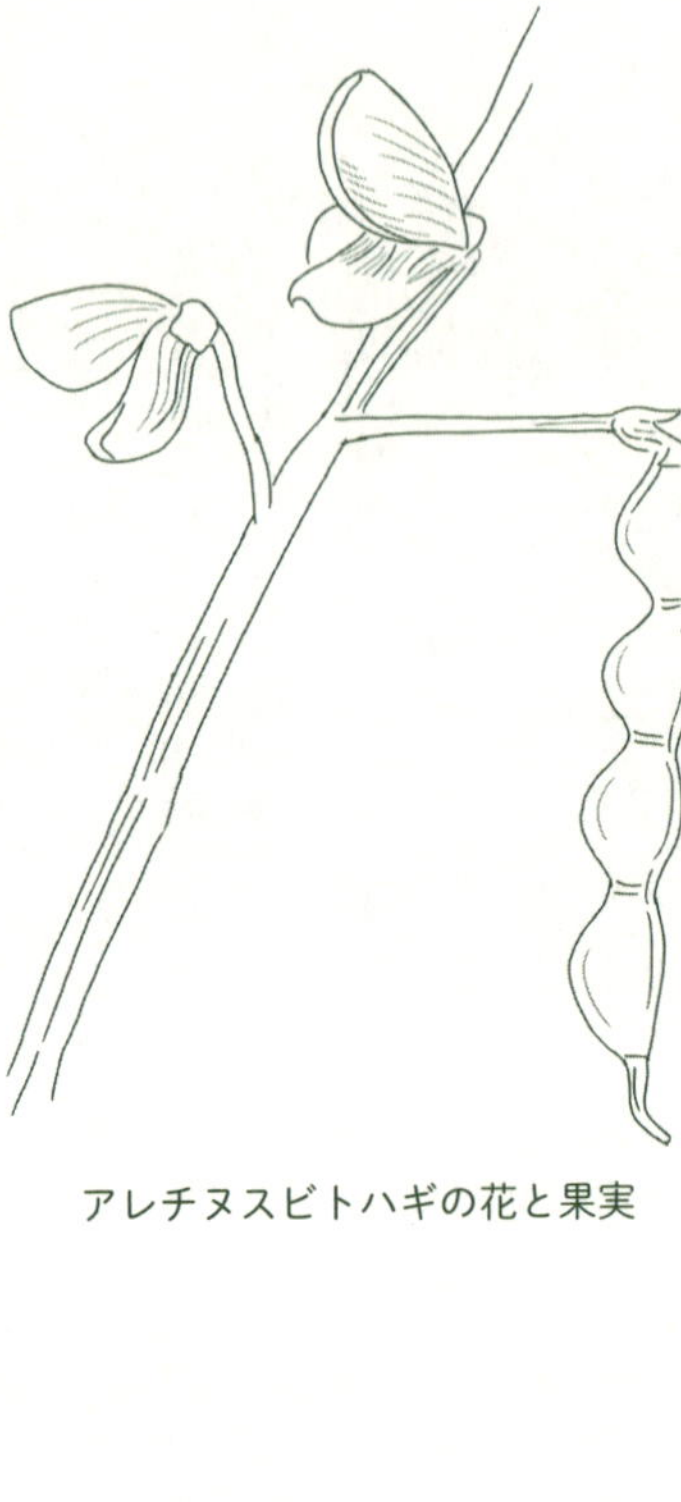

アレチヌスビトハギの花と果実

一方、ケニアの国際生態学研究所のカーン博士は、ヌスビトハギ属の植物（*Desmodium uncinatum*（Jacq.）DC.）のアレロパシーを利用してストライガの生育を抑制する「プッシュアンドプル戦略」を発案し、農民に普及されています。二〇一六年にケニアの研究所を訪問してその成果と普及状況を見学しました。ヌスビトハギ属植物をトウモロコシと混植すると、根から出る物質がまず寄生植物ストライガの種子の発芽を促進します（プル）。発芽して生育を始めたストライガの生育をヌスビトハギ属の根から出る物質が阻害し、繁茂を抑制します（プッシュ）。その結果、同じ畑で、ストライガが寄生したトウモロコシでは生育が著しく抑制され、収穫が七〜八割も減少しているのに対し、ヌスビトハギ属植物を混植した畑ではストライガの生育が抑制され収穫減がありません。アレロパシーを上手に利用した成果といえます。

オナモミ

Xanthium strumarium L.

科 キク科
属 オナモミ属

オオオナモミ

Xanthium occidentale Bertol.

科 キク科
属 オナモミ属

ドロボウグサその2は、キク科のオナモミ、オオオナモミです。その果実は楕円形で、たくさんのトゲを持っており、先端はJ字型に曲がったカギ状になっています。このカギで動物の体にくっついて広がります。典型的な「ひっつきむし」で、子供が好んで遊びに使います。セーターにくっつくとなかなか取れなくてやっかいです。オナモミの語源は、服にくっついたとき、取ろうとして揉《も》むとよけいに取れにくくなるので、「もむな」という意味からきているとの説がありま す。子供の言葉として「バカ」とも呼ばれるようです。

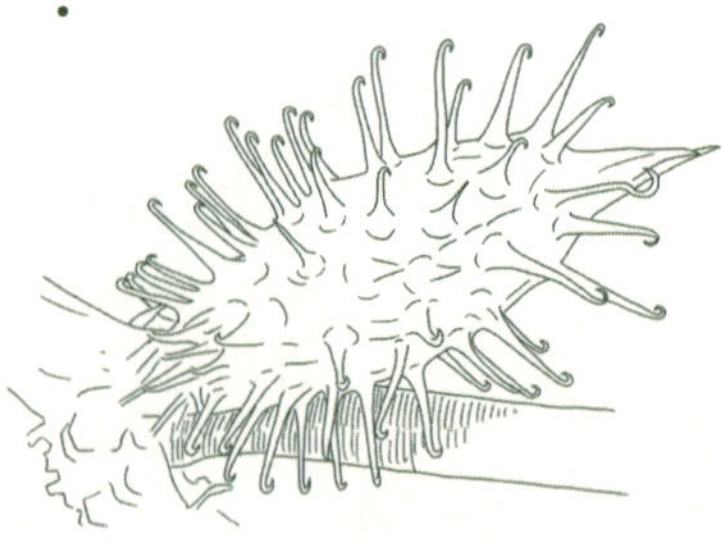

オナモミの実

このオナモミの仲間から「ベルクロ」や「マジックテープ」などの商品名で有名な「面ファスナー」(一般名称)が発明されました。面ファスナーは重力のない宇宙空間でも接着でき、着ぐるみの接着や軍事利用など多用途に利用されています。これを発明されたのはスイスのジョルジュ・デ・メストラルで、自分の服や愛犬にくっついた野生ゴボウの実にヒントを得て、一九五一年に特許出願されました。この特許は世界中で利用され、メストラルさんは億万長者になりました。ドロボウグサのような雑草でも、じっくり観察すると大儲けできるという良い例です。

「プラントミメティクス」という植物に学ぶ研究分野があります。プラントミメティクスは、植物が持つさまざまな機能、原理、システムを観察・分析・模倣して、飛躍的なイノベーションを実現しようという取り組みです。植物特有の形以外にも、植物組織の構造と機能、植物の増殖と修復機能、アレロパシーのような植物間の相互作用、植物の生存・成長・分化機能の解明など、植物が持っている性質を研究し、これを人工的に模倣して応用することで、人間生活に役立てようという分野です。

センダングサの類

Bidens sp.

科 キク科
属 センダングサ属

ドロボウグサその3は、キク科のセンダングサ（栴檀草）の類です。これもヒッツキムシとも呼ばれます。アメリカセンダングサもコセンダングサも北アメリカ原産で、日本には明治から大正時代に侵入しました。関東地方以西の河原や荒地などに広く分布しています。

　これらのセンダングサ類は黄色い花が咲きますが、沖縄や四国などの温暖地には、同じく北アメリカ原産で、白い花が咲くコシロノセンダングサ（シロバナセンダングサ）が侵入して道端などに繁茂しています。いずれも秋に花が咲き、放射状の種子（正確には果実で痩果です）をつけます。形は扁平で先に向かって幅が広くなり先端にはやりのような形の二本の刺（のぎ*といいます）があり、下向きのカギ状の剛毛があり、

コセンダングサ

アメリカセンダングサ

これで動物などにくっつきます。

学名の *Bidens* は、種子の先に二つの（Bi）歯（dens）のようなのぎがあることからつけられました が、のぎの数はアメリカセンダングサとタウコギでは二本、センダングサとコセンダングサでは二〜三本（たまに四本）です。コセンダングサは近縁の変種が多く、現在も進化しつつある植物のようです。現在この仲間は世界の暖帯から熱帯に広く分布しています。ときには大群落をつくり、侵略的な外来雑草となっています。

センダングサ類は外来雑草として嫌われていますが、この抽出液を病害虫や雑草抑制に利用しようとする試みがあります。たとえば、琉球大学の田場聡らは、タチアワユキセンダングサの抽出液が、マツノザイセンチュウやサツマイモネコブセンチュウなどの林業や農業に悪い影響を及ぼす線虫を不動化する作用があり、防除に利用できるとする研究を行っておられます。これらはセンダングサのアレロパシーの利用といえます。

＊　**のぎ**：芒（ぼう）ともいう。先端のとがった部分であり、動物にくっつくために発達したと考えられている。

イノコヅチ

科 ヒユ科
属 イノコヅチ属

Achyranthes bidentata var. japonica

日本各地に生える多年草。高さ一メートルくらいになり、夏から秋に緑色の穂のような花をつけるが、この花は地味で目立たない。

ドロボウグサその4は、ヒユ科のイノコヅチです。細かくは、日陰に生えるヒカゲイノコヅチ（日陰猪子槌）と、日向を好むヒナタイノコヅチ（日向猪子槌）の二種があります。茎の節が膨らんでいて、猪子の膝のように見え、これを槌に見立ててこの名がついたとされます。果実の外側に二本のトゲ状の包葉があり、外側に向けて少し反り返っています。これで動物にくっつきます。普段目にするイノコヅチはヒカゲイノコヅチです。古くから日本にあり、北海道を除く全国の山野、路傍、やぶなどいたるところに生えています。平安時代中期に編纂された『延喜式』には、「こまのひざ」、「ふしだか」という名前で出てきます。日本各地で、「ぬすびとぐさ」、「ものぐるい」という名前で呼ばれていました。

イノコヅチの根を乾燥させてつくった漢方薬を牛膝《ごしつ》といい、利尿、強精、通精、通経薬としま

ヒナタイノコヅチの葉

す。民間では堕胎薬として使われたこともあるようですが、これらの有効成分はよくわかっていません。

イノコヅチは、全国いたるところに生えていることから、第二次世界大戦中の食糧難のときに、食べられる植物として選定された夏の七草の一つとして食用を推奨されています。このとき選ばれた七種の雑草は、①アカザ、②イノコヅチ、③イヌビユ、④スベリヒユ、⑤シロツメクサ、⑥ヒメジョオン、⑦ツユクサです。とくにスベリヒユとイヌビユとイノコヅチは、アクが少なく、サラダとして、また調理して普通の野菜と同等にも使えるので、興味ある方は試食してみてください。

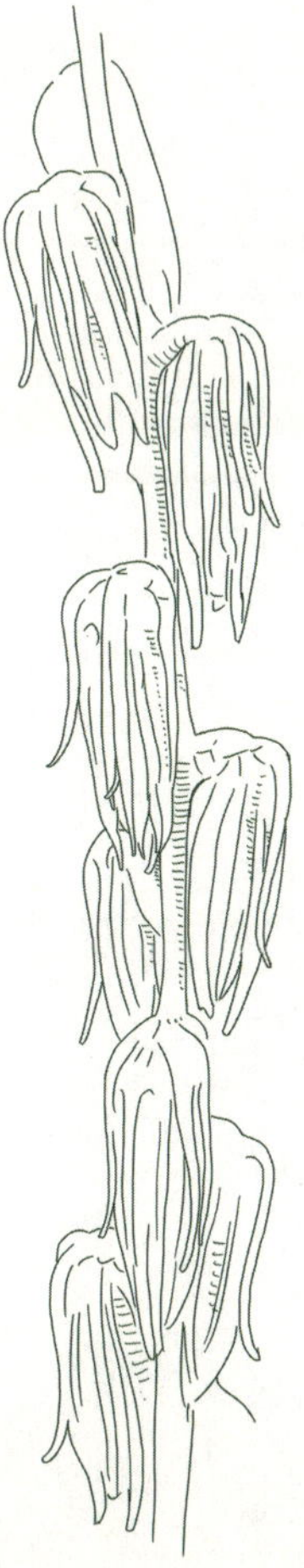

ヒカゲイノコヅチの果実

4

貧乏に関連する名前

ビンボウとか、貧しいという名前の植物があります。なぜ貧乏草と呼ばれるのかについては諸説あり、「どんな貧乏な家の庭にも生えている」、「手入れが悪い庭や道端に生えるので、このような植物を生やしている人はなまけもので、貧乏になってしまう」などといわれています。このような花を折ったり、摘んだりすると貧乏になってしまうともいわれ、除草すべき雑草として注意を促すためにつけられたという意味もあるようです。

ハルジオン（春紫苑）

科 キク科
属 ムカシヨモギ属

Erigeron philadelphicus L.

日本各地に蔓延している多年草。六月から九月頃にキクの花に似た、中心が黄色で周囲に細い白い放射状の花を咲かせる。

ビンボウグサとも呼ばれるハルジオンは、北米原産のキク科の植物で、花は美しく、最初は観賞用に日本に持ち込まれたのですが、その繁殖力の強さから日本全土に蔓延し、現在ではいやな雑草として嫌われています。

ハルジオンによく似た植物にヒメジョオン（姫女苑）があります。ハルジオンは茎を折ると中に空洞がありますが、ヒメジョオンは詰まっています。ハルジオンは蕾が垂れていますが、ヒメジョオンは垂れていません。お姫様は首をうなだれることがないのです。また、花びらの先端がハルジオンのほうがぼさぼさで、ヒメジョオンのほうがきりっとしており、お姫様にふさわしい形をしています。そのため、ハルジオンのほうがビンボウグサと呼ばれるのではないかと思います。

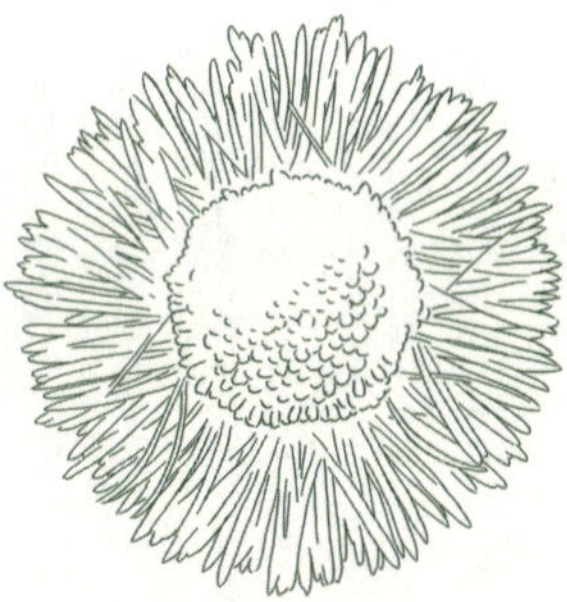

ハルジオン

ヒメジョオン

ナズナ（薺）

科 アブラナ科
属 ナズナ属

Capsella bursa-pastoris L. Medik.

田畑や道端などに生える越年草。二月から六月に四弁の小さな花をたくさんつけ、その下にハート型の果実をつける。

ナズナはアブラナ科の雑草で、その語源は、撫でたいほど可愛い花の意味である撫菜（なでな）からきているとの説があり、本来はとてもよい名前でした（一説では、夏になると枯れること、つまり夏無（なつな）からきたともいわれます）。春の七草の一つで、若い葉を食用にすることができるため、昔は冬の貴重な野菜でした。一方で、花の下についている果実の形が、三味線の撥《ばち》によく似ていることから、ぺんぺん草やシャミセングサという別名がつけられました。「ぺんぺん」は三味線を弾いたときに出る音です。

ナズナは繁殖力が強い植物で、荒廃した土壌であっても生育し雑草化することから、荒れ果てた様子を指すようになり、「ぺんぺん草が生える」というのは、とても貧乏で、何も残っていない状態、一切合財が残らない状態を揶揄《やゆ》した表現となり、貧乏草と呼ばれるようになりました。

ナズナ

ナズナをよく観察し、この植物を好む画家がおられます。

一人目は、星野富弘さんです。体育の先生だった星野さんは、模範演技で鉄棒から落下して頸椎を損傷され、首から下がまったく動かない状態になりました。しかし絶望から立ち直り、唯一動く口に筆をくわえて、長い時間をかけて雑草の花をスケッチされ、絵に詩を書かれています。

星野さんが書かれた「なずな」の絵では、ハート型の果実を手のように考え、もしも自分の手が動くなら、いつも世話をしてもらって肩が凝っているお母さんの肩をたたいてあげたい、という詩がつけられています。群馬県みどり市に美術館があり、多くの人に感動を与えています。

もう一人は、三橋節子さんです。梅原猛さんの『湖の伝説—画家・三橋節子の愛と死』を読んで感動し、滋賀県大津市にある美術館を訪問し、その絵を直に見てまた感動しました。

三橋さんは、若い頃から画家として注目され、よき配偶者にも恵まれ、二人の子供にも恵まれましたが、利き腕の右手をがんに侵され切断されました。しかしそれにもめげず、左手でまた絵を描く努力をされ、利き腕の右手で描いた以上の素晴らしい絵を描かれました。しかしがんが再発して、二人の幼い子供たちを残して夭折されました。雑草が好きな方でその絵には克明に雑草が描き込まれています。残していく幼い子供たちのことを思う母親の気持がひしひしと伝わる素晴らしい絵です。子供の名前も雑草の名前である「なずな」と「草麻生（クサマオ＝カラムシ）」とつけられています。

ヤブガラシ（藪枯）

科 ブドウ科
属 ヤブガラシ属

Cayratia japonica

日本全国で道端のフェンスなどに巻きひげで絡まっているつる性の多年草。六月から八月に中央が紅色で先が淡緑色の花を咲かせる。

ヤブガラシは、ブドウ科ヤブガラシ属のつる植物で、庭の手入れをしない貧乏人の家に茂ることから、ビンボウカズラと呼ばれています。ビンボウカズラの名前の由来として、この植物に絡まれた家屋が貧相に見える、この植物が茂ると貧乏になるとの言い伝えがあります。このようなつる性の雑草が生えるのを放っておくような人は怠けもので、やがて貧乏になる。またこの草が生えている人の家は貧乏であるとの意味だと思われます。ただし、若芽は茹でてあく抜きすると食用になり、道端にある食べられる雑草の一つです。この若芽にはピリピリした辛味があります。それで、ヤブガラシはやぶに生える「からし」ではないかという別の説もあります。全草を乾燥したものは「烏瀲苺《うれんぼ》」とい

ヤブガラシの葉とつる

う漢方薬で、消炎、解毒、鎮痛、利尿作用があります。満は「なぎさ」という意味ですが、ヒルとも読み、ネギやノビルなどの古名であることから、辛味は昔から知られていました。

東京農工大学の深野祐也らは、ヤブガラシのつるの巻きつきを研究し、同じ根っこから出たつるどうしは巻きつかないこと、すなわち「自他を認識している」ことを見いだしました。この現象にもアレロパシー（24ページ参照）が関与している可能性がありますが、どのようなメカニズムで引き起こされるのかについては、まだよくわかっていません。

ヤブガラシは東アジアから東南アジア、日本国内では北海道西南部から南西諸島まで分布しています。関東以北はすべて三倍体で実を付けませんが、中部以西には実を付ける二倍体が存在していることが岡田博らによって明らかにされています。

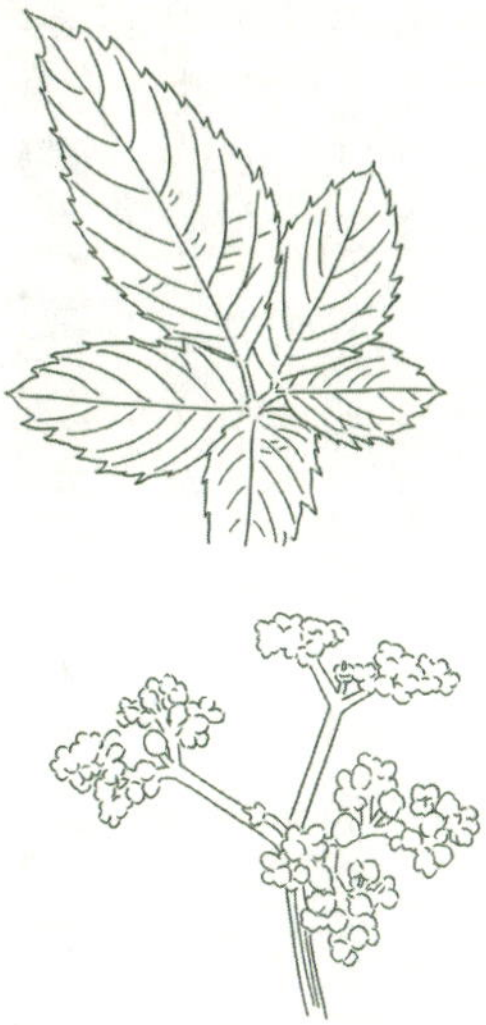

ヤブガラシの葉と花

ボロギク（襤褸菊）

科 キク科
属 サワギク属

Nemosenecio nikoensis (Miq.) B. Nord

ボロギクは在来種で、標準和名はサワギク。沢や湖沼など湿った場所に生育する多年草。五月から八月に鮮やかな黄色い花を咲かせる。

ボロギクと呼ばれる植物があります。標準和名はサワギク（沢菊）で、きれいな名前です。この植物は、花のあとにできる綿毛が、汚白色でぼろ布のような様子をしていることから命名されたと牧野さんの本で説明されています。ボロギクは在来種ですが、これに似たヨーロッパ原産のノボロギク（五月から八月に黄色い筒状の花をつける）、ナルトサワギク、アフリカ原産のベニバナボロギク（八月から一〇月に紅色の筒状の花をつける）、北アメリカ原産のダンドボロギクは外来植物で侵略性が高いとされています。みんな「ボロギク」の名前がついていますが、綿毛がぼろ布のような様子をしているとはいえず、ボロギクの仲間であるというだけでつけられた名前ではないかと思います。中村浩さんは、このボロは襤褸ではなく、古代の武具の「そ

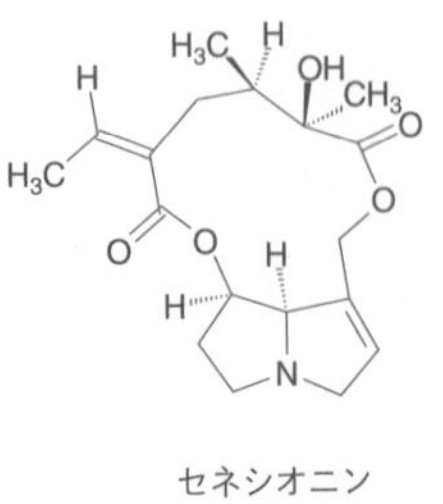

セネシオニン

図⑮ *Senecio* 属の有毒成分セネシオニン

ぼろ」というものに形が似ているからという説を発表しておられます。

なお、ボロギクの仲間のうち、*Senecio* 属の植物は、セネシオニン（図⑮）という有毒なアルカロイドを含む有毒植物です。セネシオニンはかなり強い毒で、ウシが中毒することもあります。とくに、ナルトサワギクは侵略性が高い外来植物で繁茂しないように注意が必要であると警告されています。

第4章

ゴシック・ネーム
～不吉な名前の植物～

ヒガンバナの呼び方が1000くらいあるって知ってた？

そんなに!?

たいてい死とか墓とか不吉な言葉を含んでるけど。

真っ赤な花がお彼岸の頃に咲いてたら不気味ではあるよね。シクラメンも悪い方向に連想が向いちゃうなあ。

名前の印象は悪くても、いろんな性質を理解して上手に利用できるってことがわかれば、イメージも変わるんじゃないかな。

死や苦など、不吉なことを連想させる植物があります。実際に猛毒成分を含んでおり、食べると死亡する植物もありますが、語呂合わせで名前が不吉なことを連想させるだけの植物もあります。語呂合わせで悪い名前の植物は正反対の良い名前に言い換えることが多いようです。言霊《ことだま》の国である日本ならではの言い換えだと思います。

ヒガンバナ（死人花、シレイ、幽霊花）

科　ヒガンバナ科
属　ヒガンバナ属

Lycoris radiata

青森以南の日本全国の畦道や水路沿いに生育する多年草。九月下旬の彼岸の頃に真っ赤な花を咲かせる。

ヒガンバナの花

全国各地に不吉な名前があるヒガンバナ

ヒガンバナには不吉な名前が日本全国にたくさんあり、猛毒があることから、あるいは墓場に生えることからつけられた地方名が五〇〇～一〇〇〇あります。その異名の多さでは日本一とされています。その名前は、死人花、幽霊花、葬式花、地獄花、墓花、毒花、親殺しなど、ひどいものばかりです。

ヒガンバナは彼岸に正確に咲くこと、墓場の周辺に見いだされることが多いため、不吉なイメージが強く、また、有毒アルカロイドを含むので、子供たちが誤って食べないように、昔から危険な植物と子供たちに教えられてきたようです。しかし、これほど地方名が多いということは、逆に人々の身近にあって親しまれた植物であるといえます。

ヒガンバナの起源は、中国南部揚子江上流と推定されていますが、古い時代に日本に渡来しました。『万葉集』に「いちし」と読まれているのがヒガンバナとする牧野富太郎の説があります（「みちのべの　いちしの花の　いちしろく　人みな知りぬ　わが恋妻を」（巻一一・二四八〇））。一方、平安時代の「和名抄」に出てこないので、それ以降とする樋口清之の説が、その著『梅干しと日本刀』に出てきます。樋口さんは、この本の中で、岩手県盛岡市では江戸時代の天明の飢饉のときに彼岸花の市が立ったとの記録を見つけたと書いておられます。

阿木燿子作詞で山口百恵のヒット曲〈曼珠沙華〉では、「窓辺に咲く」とか、「はかなく花が散る」とか、「ほのかに花が匂う」と歌われています。しかし、ヒガンバナの花を窓辺に咲かせる人はあまりいません。花びらは落ちることはなく、枯れたあとも見苦しくくっついています。良いにおいも悪いにおいもありません。しかし阿木さんはこのような批判に対し、これはヒガンバナそのものを歌ったのではなく、イメージであると述べておられます。また「マンジュシャゲ」ではなく、「マンジューシャカ」と発音したのは、「ゲ」という発音が美しくないので「カ」に変えたとのことです。曼珠沙華は本来仏教でいう天上の四つの理想の花の一つ majūṣaka なので正しい発音といえます。その歌詞はすばらしく、白い夢を真紅に染めてしまう妖しい花のイメージを歌にし、女心を美しく表現されたので大ヒット曲になったのでしょう。

ヒガンバナのアレロパシーとその成分

ヒガンバナの雑草抑制作用については、四国学院大学の高橋道彦らの研究が端緒です。ヒガンバナの鱗茎には雑草の生育を強く阻害する物質が含まれており、とくにセイタカアワダチソウなどのキク科雑草を強く阻害するものの、イネやイネ科植物への阻害は弱く、したがって畦畔《けいはん》管理に最適な性質を持っていることを明らかにされました。私たちは高橋教授と共同研究し、その研究を受け継ぎ、全草から強い雑草生育阻害作用のある物質を検出しました。その成分はヒガンバナの有毒成分としてよく知られているリコリン（図⑯）でした。リコリンは、セイタカアワダチソウやハルジオンなどの双子葉類の雑草の生育を抑制しますが、単子葉類のイネ科の植物に対する阻害活性は弱く、そのため、水田の畦畔に植えてもその生育を阻害することが少ないといえます。ご先祖の農家の知恵に驚かされました。

なお、リコリンの毒性は神経毒で、よだれをたらし、強い嘔吐と下痢を起こす作用があり、多量に摂取すると死亡することもあります。一方、このアルカロイド成分は、漢方薬として、去痰、利尿、解毒に、民間薬として、むくみとり、肩こり、はれものや、いんきん・たむしの治療に用いられてきました。抗がん作用があることも報告されており、日本でも乳がんの治療に外から貼りつけたとのことです。抗がん作用については、ネズミで実験したところ、がんには効果があり抑制されたましたが、その毒

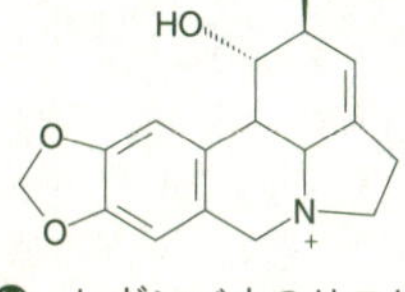

図⑯　ヒガンバナのリコリン

性でネズミは死んでしまったとの報告があり、抗がん剤としてはそのままでは使えないようです。

このような成分はネズミやモグラなどの哺乳類にも有毒であるため、土蔵の壁に塗り込められたり、防虫効果もあるので、友禅などの衣類の糊にも添加して利用されたことがあります。リコリンには哺乳動物に対しての中枢神経麻痺作用が、また、真菌類への殺菌作用、ウジムシなどの殺虫作用があります。墓場の周りに植えられたのは、このような作用を利用して墓を清潔に保つ知恵であったのかもしれません。

ヒガンバナは秋に開花したあと葉が出て、冬から初春にかけて、幅一センチメートル、長さ四〇センチメートルに達する細長い多肉質の葉をつけますが、初夏には枯れます。したがって、イネが小さい春先から初夏に畦畔雑草を抑制し、イネの生育時期には葉がなくなってイネの成長を妨害しないので、畦畔管理植物として理想的な性質を持っています。

ヒガンバナの繁殖は地下部の鱗茎の分裂によって行います。これらの鱗茎は土質を問わず容易に再生し、過湿にも強く、畦畔や土手で繁殖します。ただし、そのアレロケミカルであるリコリンはイネ科植物を阻害しませんので、イネ科雑草が残ることがあり、ある程度の雑草管理が必要です。

ヒガンバナの真の意義は非常食料

ヒガンバナは、雑草であると思っている人もあるかもしれませんが、じつは雑草ではありません。畦道や寺や家の側、水路の法面など、人間の手が加わった場所に生えており、本来の使い方は水田の畦畔を管理する植物でした。球根（鱗茎）に含まれるアルカロイドはモグラやネズミの忌避、防虫や抗菌性など広い意味でのアレロパシーを示します。それで、畦畔に植えてモグラによる穴を防ぎ畦畔が崩れるのを防ぐために用いられていたと考えられています。

しかしヒガンバナの真の意義は、江戸時代以前、約一〇年ごとに農民を悩ませた飢饉のときに、その鱗茎を掘り上げて、有毒アルカロイドのリコリンを何度も水洗して除去したあとに、約三〇％も含まれるデンプンを食用にする非常食料でした。リコリンは神経毒で摂取すると死ぬこともあるくらい猛毒ですが、水に溶ける性質があるので、十分に水洗いすれば食用になったのです。

以前、日本テレビの「所さんの目がテン」に協力して少し出演したことがあります（「今しか見られないヒガンバナの科学」）。彼岸頃の放送で、ヒガンバナから彼岸団子をつくり、所さんに食べてもらおうという企画でした。解毒方法でも協力したのですが私の出演時間は数秒間で、「ヒガンバナ＝リコリン＝猛毒」と説明し、リコリンを分析しているシーンが映っただけでした。しかし、この番組では畦道にヒガンバナを植える意義として、ネズミが穴をあけるのを防ぐためという話を実際に実験して確かめてくれました。透明なチューブの端にチーズを置き、途中にヒガンバナと対照のボール紙で仕切りしたとき、ヒガンバナがあると見向きもしないのに、ボール紙は食い破って見事チーズにたどりつきました。

毒抜きは念入りに行ったのでデンプンは五％しかとれませんでしたが、これに米粉を五〇％加え、銀座の一流和菓子店の職人さんが立派なお団子を作成され、食べた所さんは大げさなアクションで笑いをとられましたが、健康にはまったく影響はありませんでした。この回は好評で、年末に傑作集として再放送されました。

かつて、日本の水田畦畔を彩ったヒガンバナも、耕地整理とともに近年めっきりその姿を消しています。ヒガンバナは先祖たちが畦畔を守る目的で植えていた植物であり、人の力なしには繁殖できない植物であるからです。秋の稲刈りの時期に真っ赤に咲いたヒガンバナはまことに美しいものです。畦畔の景観形成、雑草抑制、モグラ・病害虫防除、飢饉時の非常食糧という多面的な機能を持ったこの有用植物の復活を願っています。

なお、ヒガンバナに含まれる有毒成分は、同じヒガンバナ科のスイセンにも含まれています。切り花の水を飲んだり、タマネギとよく似た球根を食べたりすると中毒するので、十分な注意が必要です。

コラム⑧
水田畦畔の役割とヒガンバナ

水田畦畔の本来の役割は、水をためるダムの堤防ですが、農作業面から見ると、畦畔は農作業をする人や道具・機械が通過し、米・麦などの収穫物が運搬されるための通路であり、集落と集落をつなぐ道としても重要な役割を果たしていました。戦前の農家の花嫁は、水田畦畔を通って嫁入りしました。現在でも、大きな畦畔は軽トラックや耕耘機《こううんき》などの通過が可能であり、肩掛け式草刈り機械の運搬にも役立っています。

一方、畦畔は、一定の土地を周囲の自然環境から切り離して、稲のような均一な作物を栽培するための「防波堤」の役目も果たしています。日本のような温暖多雨の環境では、雑木・雑草の生育が旺盛であり、このような自然環境の中で均一な農作物を生産する農業生態系を維持するために畦畔が持つ機能は重要です。畦畔は外界からの雑草や雑木・害獣や病害虫の侵入から農地を守るための防御ゾーンであり、自然生態系と農耕地との境界をなす辺境（フロンティア）の地でもあるのです。とくに山と接する中山間地では、周辺から雑草や病害虫が侵入してくるのを防ぐ砦としての働きがあります。

このような畦畔は、放置すれば雑草が繁茂します。雑草の中には病害虫のすみかとなり、越冬や冬ごもりに適した場所を提供するものがあります。また、大きな草が農作業の邪魔になり、雑草種子が収穫物に混入するおそれがあり、農地への雑草の侵入源となることもあります。そこで、かつての日本の農家は畦畔の維持管理に、農作業に劣らぬ労力を投入してきました。現在、畦畔の管理はともすれば軽視され、農家以外の人からはなぜ重要なのか理解を得られないようですが、日本の水田農業にとって依然として重要です。

畦畔は、圃場内の作業において発生する雑草などの残さの捨て場としての役目もありました。このような畦畔を清浄に保つための工夫として、アレロパシーの機能による殺菌・殺虫・抑草作用があるヒガンバナを植えたのではないかと考えられます。

シクラメン（豚の饅頭）

科 サクラソウ科
属 シクラメン属

Cyclamen persicum Mill.

鉢植えで栽培される多年草。一〇月から三月に赤、白、ピンク、黄、紫などの火が燃えているような形の花を咲かせる。

シクラメンは、園芸上使われる名前で、その学名から名前がつけられましたが、発音が「死」「苦」を連想すること、また、花の色が真っ赤で血を連想させることから、病院への見舞に持って行くのはよくないとされています（口絵参照）。

シクラメンの和名は「ブタノマンジュウ（豚の饅頭）」というヘンな名前です、この名前は、植物学者の大久保三郎が英語名（Sows bread：雌豚のパン）を翻訳したもので、放し飼いの豚がシクラメンの球根（実際は肥大した茎なので塊茎）を食べてしまうことからつけられたとされます。

ヨーロッパでは昔はこの塊茎に含まれるデンプンを食用にしていました。塊茎にはトリテルペンサポニン配糖体のシクラミンを含み、強い毒性があるので食用にするには調理が必要で、これが面倒だったので、ジャガイモが伝来してからは食べられなくなりました。

一方、「カガリビバナ（篝火花）」というきれいな和名があります。この花を見た日本の貴婦人（九条武子だといわれている）が、「これはかがり火のような花ですね」といったのを聞いた牧野富太郎が名づけたとされます。

小椋佳作詞・作曲で、布施明が歌った〈シクラメンのかほり〉という歌が一九七五年に流行しました。この場合も山口百恵の〈曼殊沙華〉と同様、実際のシクラメンを観察したのではなく、イメージで作詞されたと思われます。本来のシクラメンには「かほり」はありませんでした。

しかし、この歌がヒットしたことで、香りのあるシクラメンを育種しようという研究が行われ、一九九六年に埼玉県農林総合研究センター園芸支所（現　園芸研究所）がバイオテクノロジーを用いて、栽培種である *Cyclamen persicum* 種と芳香を有する野生種である *Cyclamen purpurascens* 種との種間交雑を行い、香気成分を持つシクラメン作成に世界で初めて成功しました。その香気成分はシトロネロールやシナミルアルコールというヒアシンス様の成分とスズラン様の成分です。埼玉県から、花色の違う三品種が品種登録されています。流行歌の影響は新しい品種を生み出すほど大きいようです。

シネラリア

科 キク科
属 ペリカルリス属

Pericallis x hybrid

高級な鉢植えとして栽培される一年草。一一月から五月に、サクラのような形の青、白、ピンク、黄、茶、紫などの花を咲かせる。

園芸上シネラリアと呼ばれるキク科の植物は、古い学名の *Cineraria* をそのままカタカナにして名前がつけられました。しかしこの名前の「シネ」が「死ね」を連想するので病気の見舞いに持っていくのはよくないと不評でした。そこでお花屋さんでは、*Cineraria* の英語での実際の発音から「サイネリア」と呼び変えています。しかしそれ以前に、葉がフキの葉に似ているので、松村任三が和名として「フキザクラ（蕗櫻）」と命名していました。また別の学名（シノニム）に *Senecio cruentus* DC. があり、牧野富太郎はこの学名から「フウキギク（富貴菊）」という名をつけています。これらのきれいな和名を使えば見舞いにも持っていけるのにと残念です。

シネラリアの花

アシ（葦）

科 イネ科
属 ヨシ属

Phragmites australis (Cav.) Trin. ex Steud.

日本在来の多年草で、河川および湖沼の水際に背の高い群落をつくる。八月から一〇月に暗紫色から黄褐色の花をつける。

アシは「悪し」に聞こえるのでヨシと言い換えた

アシは本来、「アシ」と発音されていましたが、「悪し」に通じるので「ヨシ」に言い換えられました。しかし、関西地方では「お足」は「お金」の意味で悪くないのでアシという名前が残っています。

アシは日本の在来植物で古くから日本にありました。日本の別名は豊《とよ》葦《あし》原《はら》瑞《みず》穂《ほ》の国。湿地はアシが生い茂る葦原でしたが、これを開拓して水田としました。だから、水田は放棄すると遷移して葦原に戻ってしまいます。

四国の吉野川の河口に近い農家を訪ねたとき、昔はこの地方では、アシを刈り取って、水田に

アシの穂

敷き草として雑草の抑制に利用していたと教わりました。アシから出る黒い汁で雑草が抑制されることを農家の方は知っていたのです。また、このようにして敷草にしたアシは分解して稲の肥料となります。一〇〇〇年以上前の『播磨風土記』に敷き草の村という記載があり、昔はアシのような草を田に刈り敷いて肥料にしていたことがわかります。

　アシのアレロパシーに関しては、含まれる没食子酸《ぼっしょくしさん》が分解してＭＯＡ＊という物質になり、これが雑草を抑制すると説明されています（図⑰）。

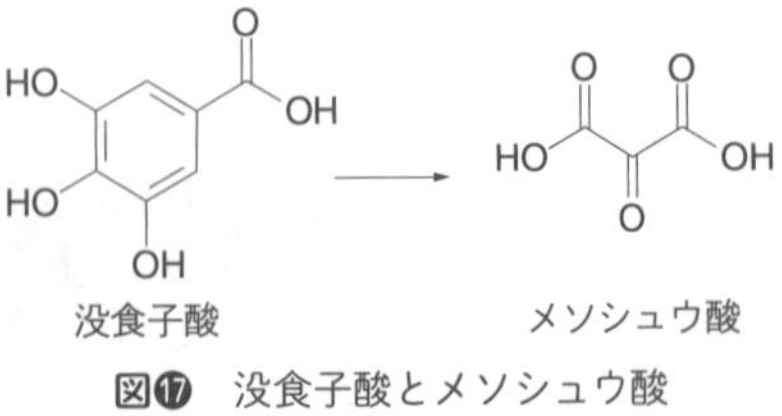

図⑰　没食子酸とメソシュウ酸

＊　**没食子酸とＭＯＡ**：アシのアレロケミカルとして、大量に含まれる没食子酸からメソシュウ酸（ＭＯＡ）が生成し、これがアレロケミカルの本体と報告されている（Rudoroppe ら、２００９）。没食子酸は五倍子（ヌルデの虫こぶ）、没食子（ブナ・カシワの虫こぶ）、茶の葉、オークの樹皮など、多くの植物に含まれており、代表的な加水分解性タンニンである。メソシュウ酸は、別名をタルトロン酸あるいは2-ヒドロキシマロン酸ともいい、冬瓜にも含まれており、炭水化物が体内で脂肪に変わるのを抑える効果があるので、ダイエットに効くとの報告もあるが、多量に摂取すると毒性もあるので注意が必要である。

アシは弱い植物ではない～パスカルへの反論～

パスカルの『パンセ』の中に、「人間は考える葦である」という有名な文があります。

人間は一本の葦にすぎない。
自然のなかで最も弱い存在である。
しかし、それは考える葦である。
人間を殺すのは簡単で弱い存在である。

しかしパスカルは「人間は自分が死ぬということを知っているのが素晴らしい。このように人間はいろいろ〝考える〟ことができる。だから、よりよく考えるようにしよう。これが道徳のはじまりである」ともいっています。

ここで、パスカルは、アシは自然の中でもっとも弱い存在と考え、人間もアシのように弱い存在であると考えているようです。弱いけれど、考えることを知っている人間は偉いんだと私たちを励ましているのです。

しかし、実際にはアシは自然界で決して弱い植物ではありません。パスカルは体が弱く、あまり外に出ることがなかったといわれています。実際にアシをよく見たことがなかったのでしょう。アシは風が吹くと倒されてしまい、一見風に負けたように見えます。樹木ならぽっきり折れてしまうところです。しかし、アシは柔軟な体を持っているので折れることがなく、完全に地面に倒れても、やがて起き上がって上に向かって成長していきます。また、アシはしばしば他の植物が生えない純群落をつくります。人間もアシのように、いったん倒れても、また起き上がるしぶとさを持っており、さらにアシと違って「考える力」も持っているので、生物の中で最強の存在といえるでしょう。

アシの群落

ジゴクノカマノフタ（キランソウ、金瘡小草）

科 シソ科
属 キランソウ属

Ajuga decumbens Thumb.

日本在来の多年草で、畦道や道端に生える。三月から五月に紫色の花をつける。まれに白花もある。

キランソウは、シソ科キランソウ属の多年生の草本で、道端などに生える、日本に昔からあった雑草です。根生葉（根元から出た葉）が地面に張りつくように広がることから、「ジゴクノカマノフタ（地獄の釜の蓋）」ともいう名前があります。開花期の全草は筋骨草《きんこつそう》という生薬で、高血圧、鎮咳、去痰、解熱、健胃、下痢止めなどに効果があるとされるので、ジゴクノカマノフタというのは「病気を治して地獄の釜に蓋をする」ということから出たとの説があります。

私は、その葉の状態が、ちょうど沸騰して煮えたぎる釜の湯に蓋をしているように見えるところからきていると思っていました。ほかには、墓地などにもよく生えていて、ちょうどお盆から

ジゴクノカマノフタの葉と花

彼岸の頃にこの茎や葉がべったりと地を覆うので、その様子から地獄に蓋をすると名づけたとの説もあります。

なお、お盆の時期は「地獄の釜の蓋が開く」といわれ、地獄にいる先祖たちが解き放たれて出てくるといわれています。お盆は、八月一三日の夕刻から一六日の夜までの四日間で、一六日の送り火のあと、すぐに戻らなければなりません。お盆で、地獄の釜の蓋が開いて、解き放たれた先祖が子孫の家に帰ってきます。子孫は迎え火を焚《た》いて迎えます。そして子孫の家で食事や茶、果物などの供養を受けてお盆の期間を過ごします。これが地獄にいる先祖への供養になり、先祖が反省して地獄から抜け出すきっかけになるといわれています。しかし悪いことをして地獄に落ちた先祖を地獄から迎えたくないと思う家では、ジゴクノカマノフタを使うのかもしれません。

スベリヒユ（滑莧）

科　スベリヒユ科
属　スベリヒユ属

Portulaca oleracea L.

乾燥に強く畑や道端の日当たりの良い所に生える多年草。茎の形はミミズに似ている。七月から九月に枝の先端に黄色い花を咲かせる。

スベリヒユは、名前に「滑る」とあるので、受験生には縁起が悪い植物と思われます。現代の受験生はそんなゲン担ぎをしないかもしれませんが、気になる人もいると思います。

この「スベリ」は、茹でたときに出る「ぬめり」に由来するとされます。代表的な畑雑草で、夏の乾燥時期にもしおれず耐暑耐乾性の高い草です。南米原産ですが、古い時期に世界に広がり、現在では全世界に分布しています。私はアレロパシー活性が強いので注目していますが、食べられる草です。

食用になる草は、ツクシ、ハコベ、ヨモギ、セリなど、たくさんありますが、スベリヒユはその中でももっとも美味で常食しても害のない、むしろ漢方薬としても知られる草です。山形県農

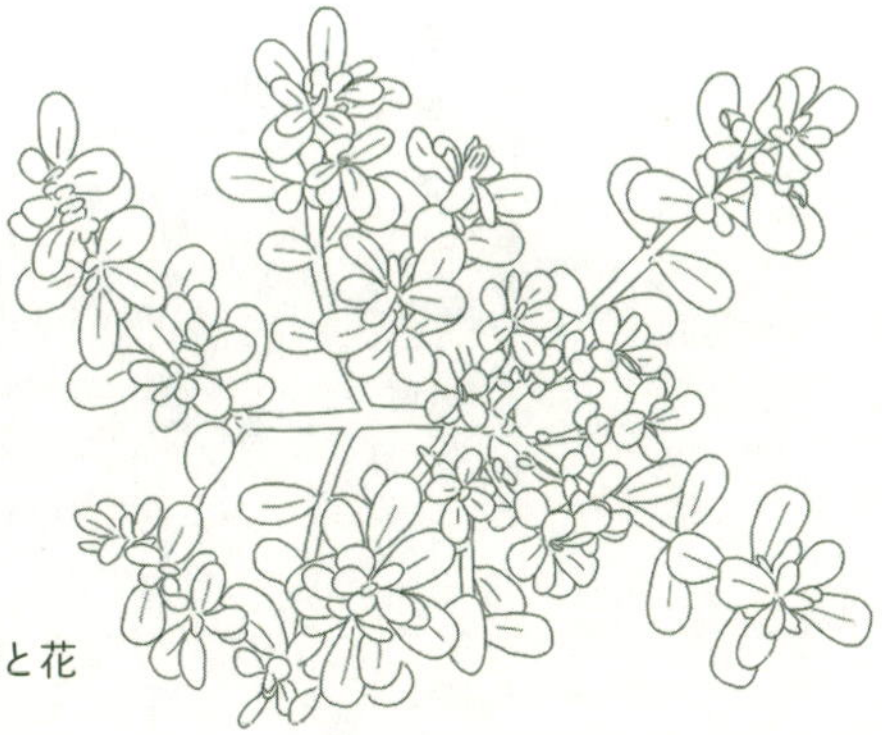

スベリヒユの葉と花

試の大場伸一によれば、山形県では現在も食用にする習慣があり、山形県民はこの草を「ひょう」と呼び（語源は「ひゆ」らしい）、そのままおひたしにして食べるほか、天日乾燥して保存しておき、正月に戻して食べるそうで、縁起の良い植物とされています。

スベリヒユが食べられるというので、実際におひたしにして食べてみました。若い茎葉はぬるっとした食感が良く、味に癖はまったくありません。ただ、種子が混入しているとジョリっとして食感がやや悪いので種子のできる前の若い茎葉がおすすめです。スベリヒユの栄養価はハクサイを上回り、コマツナやシュンギクに匹敵すると分析されています。漢方薬としては解毒・利尿効果が知られています。ヨーロッパでは野菜として大型種が育成され、タチスベリヒユとして栽培されています。学名の *oleraceae* は野菜のという意味です。マツバボタンもこの仲間で、花の色が豊富で乾燥に強く手間いらずで、花壇に好まれます。マツバボタンの若い植物体もやはり食用になります。

スベリヒユの播種には四～五月が適しています。種子は多産で、一株で数万個でき、こぼれ種は翌年よく発芽し、繁殖力旺盛なので、雑草として見れば、防除するにはやっかいな草です。しかし、除草を兼ねて採取し、食べてしまえば、まさに一石二鳥です。

第5章

デンジャラス・ネーム

まあだいたい、危険だから「毒」とかつけて注意喚起するんだよね。

そういう意味では名は体を表すのがデンジャラスな名前の植物だろうね。

本当はデンジャラスでも、名前からはわからないものもあるから厄介。

流行歌の影響もあって、キョウチクトウはその代表と言えそう。

命に関わることもあるから、植物の危険性を理解することも大切だ。

1

毒のある植物、毒があると疑われる植物

名前にドク（毒）がつく植物は、ドクダミを除けばほとんどが有毒植物です。生死に関わることですから、昔の人も真剣に名前をつけたようで、最近の研究で毒成分が解明されている例が多く、毒草の判定の信憑性が高まっています。

ドクゼリ（毒芹）

科 セリ科
属 ドクゼリ属

Cicuta virosa L.

日本全土の水辺、湿原に生育する多年草。六月から七月に花茎の先に白色の小花を多数つける。セリとよく似ている。

ドクゼリはセリ科ドクゼリ属の多年草で、その名のとおり有毒植物です。別名をオオゼリ（大芹）といいます。ドクウツギ、トリカブトと並んで日本三大有毒植物とされます。葉の形が食用のセリとよく似ていること、生育する環境も共通していてセリと同じような場所に生えているため、若葉をセリと間違って摘み、中毒する人がいまだによくあり新聞などで報道されています。葉や茎にセリ特有の香気がないこと、セリと違って地下茎が存在する点に注意すれば、セリとの区別は比較的容易です。

毒成分はシクトキシン（図⑱）とシクチンで全草に含まれています。皮膚からも吸収される性質があり、痙攣、呼吸困難、嘔吐、下痢、腹痛、眩暈、意識障害などの重篤な中毒があり、死に至る場合もあります。

ドクゼリの葉

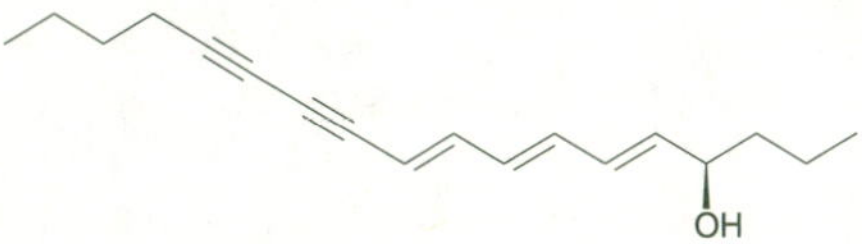

図⑱　シクトキシン

ドクウツギ（毒空木）

科 ドクウツギ科
属 ドクウツギ属

Coriaria japonica A. Gray

北海道と近畿以北の本州の山や河川敷などに自生する高さ一〜二メートルの落葉低木。四月から五月にピンク色の花をつける。

ドクウツギはドクウツギ科ドクウツギ属の落葉低木で、トリカブト、ドクゼリと並んで日本三大有毒植物の一つです。実は約一センチメートル程度であり、初め赤く、熟すと黒紫色になります。コリアミルチン（図⑲）、ツチンなどの有毒成分を含みます。コリアミルチンは、γ-アミノ酪酸（GABA）受容体の機能を抑制する作用があり、中枢神経を興奮させ、痙攣を起こし死に至らせる猛毒です。

図⑲ コリアミルチン

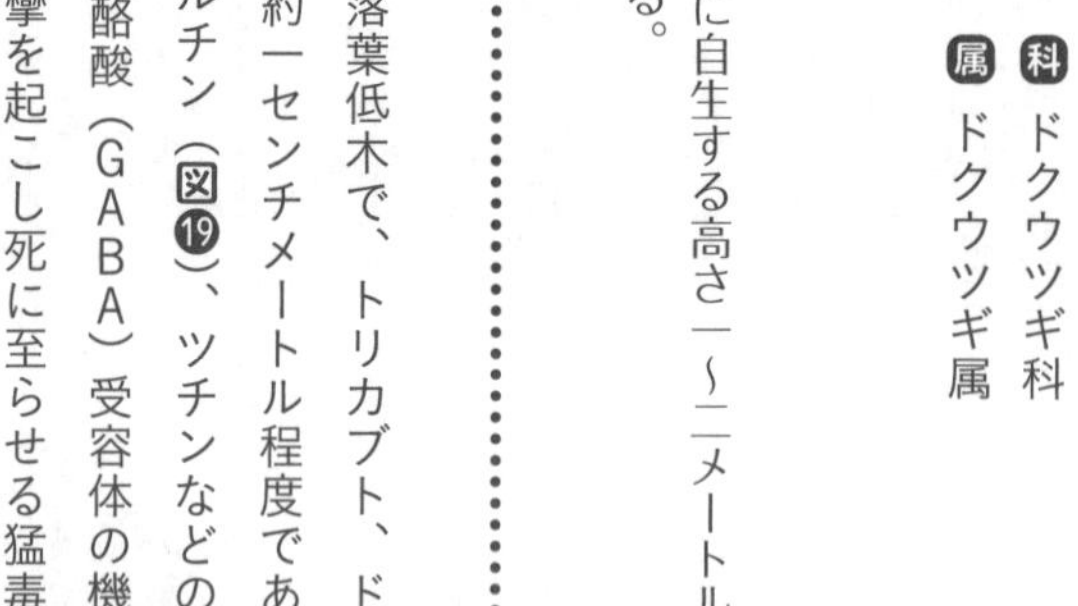

ドクウツギの実（右）と葉（左）

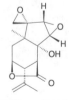

ハエドクソウ（蝿毒草）

科 ハエドクソウ科
属 ハエドクソウ属

Phryma leptostachya subsp *asiatica*

日本在来の多年草。六月から八月に葉から伸びた穂状の枝先に白または淡いピンク色の小さな花を咲かせる。

ハエドクソウはハエドクソウ科ハエドクソウ属の多年草で、一科一属一種の珍しい植物です。和名のハエドクソウは、この植物の根をすりおろして煮詰めた汁でハエ取り紙をつくるのに使われていたことに由来します。ハエに毒な草の意味です。有毒成分はリグナン*の一種であるフリマロリン（図⑳）で、人間も食べると嘔吐などを引き起こします。

＊ **リグナン**：植物に含まれるポリフェノール化合物で、エストロゲン様作用（女性ホルモンとしての作用）を示したり、抗酸化物質として働いたりする物質。ダイズに含まれるイソフラボン類や、インゲンマメやアルファルファに含まれるクメスタンなどにも同様の作用がある。適度に摂取すれば、老化を抑制する作用があるといわれている。

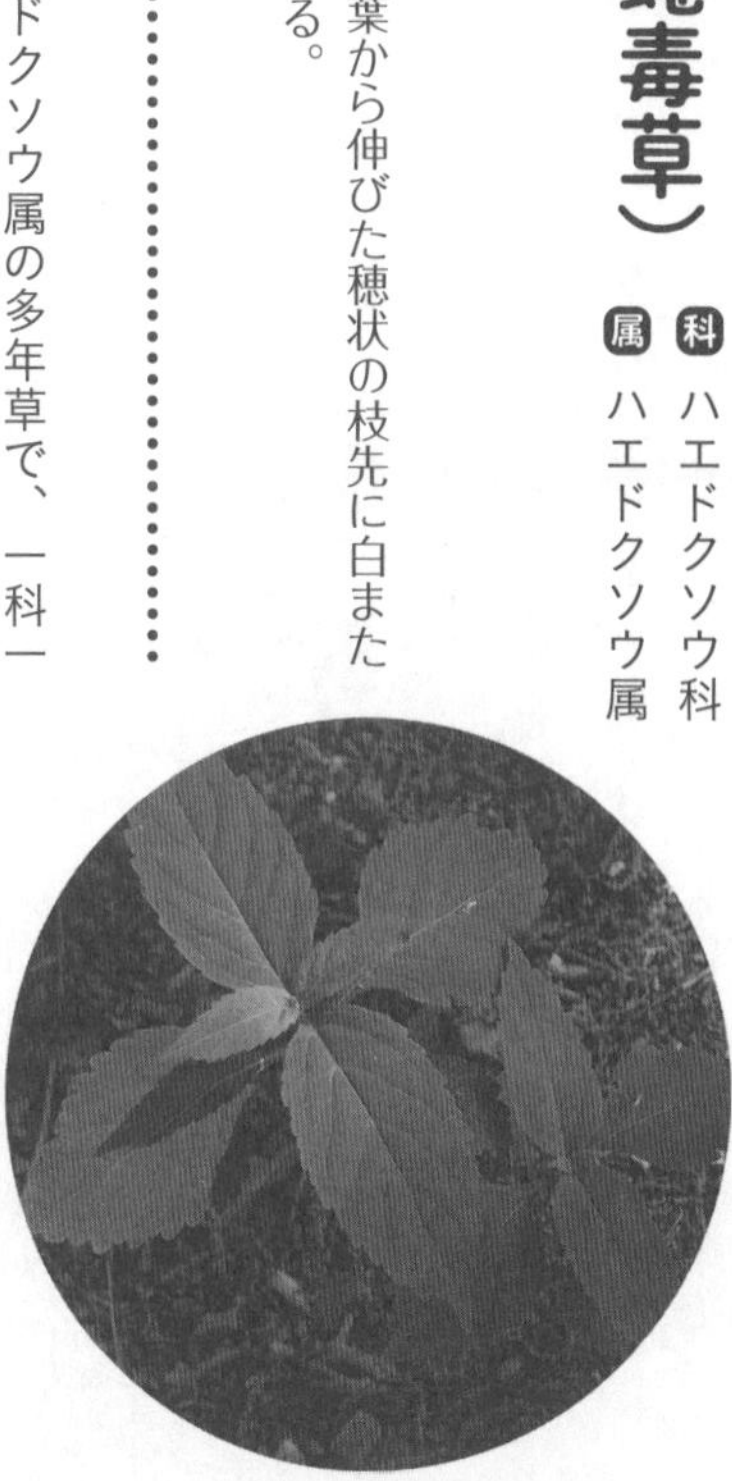

ハエドクソウの葉

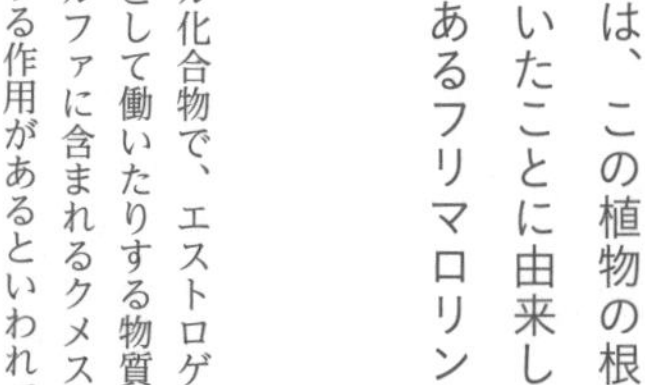

図⑳　ハエドクソウのフリマロリン

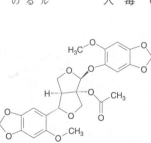

ドクダミ（毒矯）

科 ドクダミ科
属 ドクダミ属

Houttuynia cordata Thunb.

日本全国の住宅や神社や寺の日陰に生える多年草。五月から七月頃に四枚の白い花を咲かせるがこれは花でなく総苞という葉が変形したものである。

ドクダミは毒のある植物ではなく、「毒を矯《た》める＝毒を中和する」の意味で良い名前です。神社の日陰などで大群落をつくるドクダミは、ヒマラヤ〜中国南部から日本に渡ってきた古い帰化植物です。昔から薬効が知られ、全草を乾燥したものを「十薬」と称し、風邪、高血圧、動脈硬化の予防に利用していました。特有の生臭い臭気成分デカノイルアセトアルデヒドとドデカナール（図㉑）が有効成分で、抗菌・抗カビ性があり、水虫の白癬菌やブドウ球菌も殺す作用があります。また冷蔵庫に生の葉を入れておくと悪臭を消す効果があります。中国四川省ではドクダミの生葉をサラダとしてそのまま食べています。辛い四川料理によく合っていました。また、ベトナムでも生春巻

ドクダミの葉と花

きにドクダミの葉を入れています。ドクダミは本来は野菜であったと考えられます。

　ドクダミは、ドクダミ科ドクダミ属に属する一属一種の、植物学的には珍しい原始的な植物です。ドクダミ特有の臭気成分はドクダミが自分を守るために使うアレロパシー物質であり、この成分を持っているゆえに生き残り、一属一種となったと思われます。斉藤茂吉はお母さんが亡くなったとき、「どくだみも　薊《あざみ》の花も焼けゐたり　人葬所《ひとほふりど》の　天明《あめあ》けぬれば」と詠み、北原白秋は「どくだみの　花のにほひを　思うとき　青みて迫る　君がまなざし」と詠んでいます。におうのは葉で、花（総苞）にはにおいはないのですが、妖艶な女性がイメージされるいい歌です。この二つの歌をもじって、「ドクダミも薊の花も咲きにけり初めて心ふるいそめし日」と詠んでみました。ドクダミの特有の臭気は人の心に生と死、お母さん、初恋のときめきを呼び起こすような気がします。

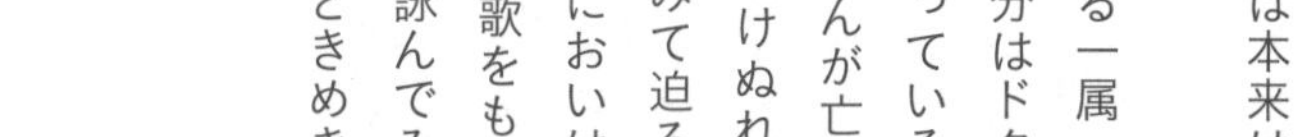

デカノイルアセトアルデヒド　　ドデカナール

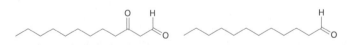

図㉑　ドクダミのデカノイルアセトアルデヒドとドデカナール

2

危険な植物

毒がある植物の中で、名前に「ドク」がついていないのに危険で、命を落とす恐れがある植物を紹介します。美しい花が咲き、被爆後の広島で真っ先に咲いて人々に希望を与えたキョウチクトウや、歌集の名前にもなっているアセビも危険な植物です。

キョウチクトウ（夾竹桃）

科 キョウチクトウ科
属 キョウチクトウ属

Nerium oleander L. var. *indicum* (Mill.) O. Deg. et Greenwell

インド原産で江戸時代に渡来し、園芸種として栽培される常緑の低木。六月から九月に濃いピンクあるいは白や黄色の花を咲かせる。

キョウチクトウは中国名の音読みでやまとことばではなく、中国から導入された植物です。岩谷時子作詞、宮川泰作曲で小柳ルミ子が歌った〈夾竹桃は赤い花〉があります。一番の歌詞は、キョウチクトウの美しい花が咲くなつかしいふるさとには、なつかしい友だちがいて再会した。二番の歌詞では、キョウチクトウの花言葉は清い愛で、また恋をしてしまいそうだと歌っており、きれいなイメージの歌です。また、キョウチクトウは原子爆弾を投下されたあとの広島の焼け跡に最初に咲いた花であり、多くの人々に復興の希望を与えたことから、〈夾竹桃のうた〉（藤本洋作詞、大西進作曲）がつくられ、キョウチクトウは広島市の花になっています。

これらの歌で讃えられるように、キョウチクトウは花が美しく、原子爆弾にも負けない生命力

キョウチクトウの花

の強い植物なのですが、じつはその全草に猛毒成分が含まれており、身近にあってもっとも危険な植物の一つです。バーベキューをしていた人が、竹串がなくなってしまったので、近くにあったこの木の枝を串の代用にして肉を焼いたところ、茎に含まれる成分が溶け出して中毒し七名が死亡したという報告があります。一九八〇年に千葉県で、ウシに与える飼料にキョウチクトウの葉が混入し、乳牛二〇頭が中毒し九頭が死亡したとの報告もあります。

毒の主成分はオレアンドリン（図㉒）で、その半数致死量は〇・三〇ミリグラム／キログラムで、青酸カリの致死量の一五〇〜三〇〇ミリグラム／キログラムの五〇〇〜一〇〇〇倍も強い猛毒です。この毒には即効性があります。この成分は「強心配糖体」と呼ばれる物質で、少量を投与すれば不整脈を直す効果がありますが、大量に投与すると心臓が止まり即死します。樹液のついた手で眼をこするだけで涙が止まらなくなったり、眼の炎症を起こしたりすることもあります。キョウチクトウの葉は虫や病気に侵されることがないのは、このような有毒物質が葉を守っているためです。キョウチクトウの花言葉には、その毒性から、「危険な愛」があります。

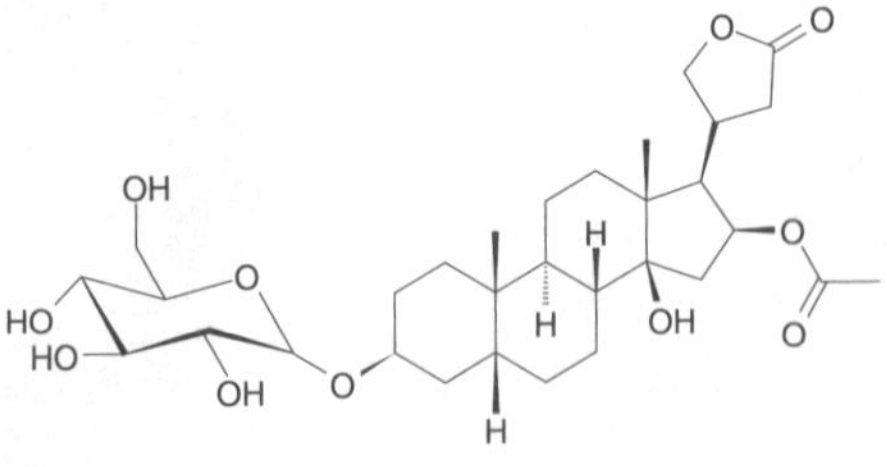

図㉒　キョウチクトウに含まれるオレアンドリン

オオハナウドの類

Heracleum sp.

科 セリ科
属 ハナウド属

北海道と近畿以北の本州の山から山間地の湿った場所に生育する。五月から九月に植物体の先端に真っ白な複散形花序をつける。

オオハナウド類の葉に触れると大やけどをする

オオハナウドの類は有名な毒植物で、フロクマリン類（図㉓）が多量に含まれ、これが人間の皮膚につくと水疱ができて、ちょうど火傷をしたような状態になります。この仲間は世界各地にありますが、最近、*Heracleum sosnowski* という植物がヨーロッパでとくに問題となっています。この有毒成分とアレロパシーの研究をするために、ベラルーシからの留学生マリア・ミシナさんが東京農工大学に来られました。彼女はベラルーシからヨーロッパに広がり問題となっているこの植物の分布を調査し、日本に近い極東のウラジオストクにも分布していることを確認しました。しかし北海道にはまだ侵入していません。

この植物は現地では「スターリンの呪《のろ》い（あるいは恐怖）」という名前で呼ばれているそうです。

オオハナウドの実

この植物はスターリンの故郷のコーカサス山脈の近くでたくさん生えており、スターリンはこの植物の生育が旺盛なため牧草として有用と考え、普及すべしとの命令を全ソ連中に出し、そのためロシア全土から東ヨーロッパに広がったのですが、ウシやブタもこの草を食べるのを嫌がり、牧草としての利用価値がなかったので、現在は雑草化して困っているとのことです。

マリアさんは、アンゲリシン、ベルガプテンなどのフロクマリンがアレロパシーの本体であること、また、これらとは別に、揮発性物質のオクタノールが果実に多量に含まれ、独特の臭気成分になっていること、この物質に抗菌活性があり、揮発性のアレロケミカルの本体であることを報告し、一連の研究で二〇一五年に博士号を取得されました。

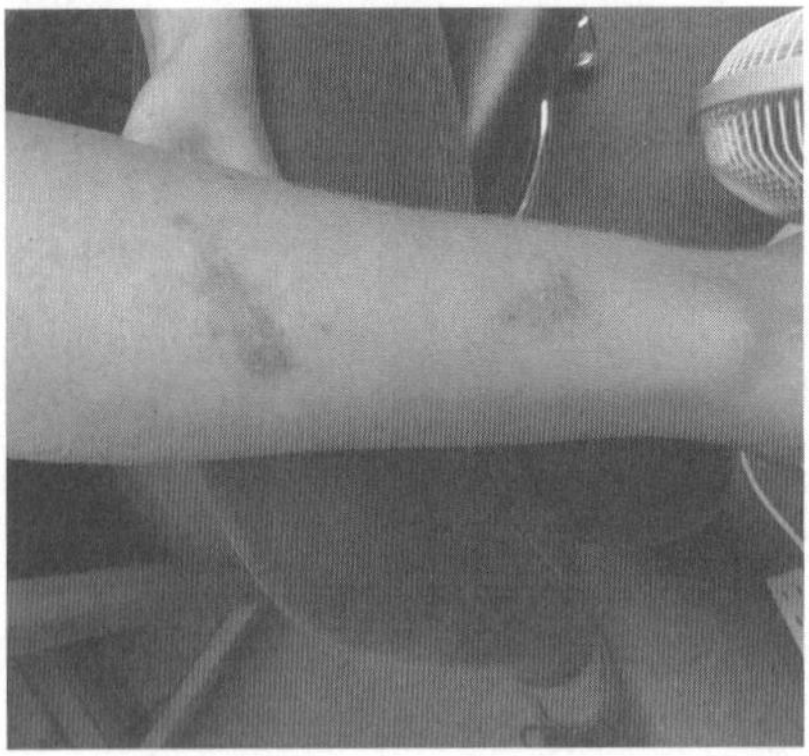

オオハナウドで火傷した腕

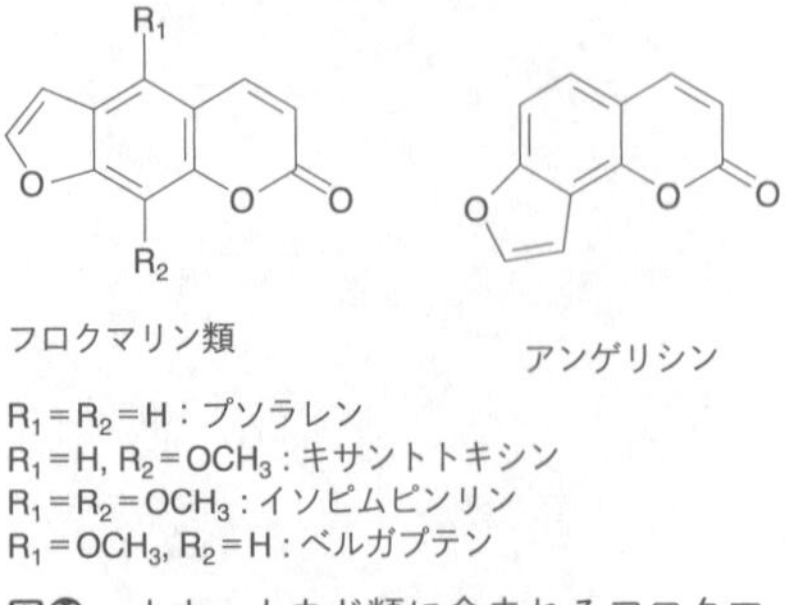

フロクマリン類　　アンゲリシン

$R_1 = R_2 = H$：プソラレン
$R_1 = H, R_2 = OCH_3$：キサントトキシン
$R_1 = R_2 = OCH_3$：イソピムピンリン
$R_1 = OCH_3, R_2 = H$：ベルガプテン

図㉓　オオハナウド類に含まれるフロクマリン類

ジャイアントホグウィードはブタクサではなくハナウドの仲間

シャーロット・マクラウドの痛快な推理小説に『オオブタクサの呪い』という作品があります。主人公はアメリカのニューヨーク近郊のパラクラバ農業大学のシャンディ教授です。この先生は定年間際の土壌学の老教授ですが、生態学、植物学、育種学などの幅広い知識と経験を持っており、難事件を次々に解決する〈シャンディ教授シリーズ〉として出版されています。この本では、イギリスに新たに侵入して全土を覆いつくし、人間や家畜に被害を及ぼしている「オオブタクサ」を退治してほしいとシャンディ教授が頼まれ、イギリスに渡って大活躍し、最後は原因不明の理由でこの植物が自滅してしまい、問題は解決するのですが、そうなると逆に、「オオブタクサを守れ」という運動が起こったという皮肉な結末になっています。外来植物問題との関連で考えさせられる内容で、面白い本です。

ところが、この本の題名の「オオブタクサ」は誤訳です。原書名は「The Curse of the Giant Hogweed」ですが、Giant（＝大きい）＋Hogweed（＝豚の草）ということからオオブタクサと翻訳されたようです。しかし、すでにオオブタクサという和名の雑草があり、これはキク科の *Ambrosia trifida* L. でまったく異なる植物です。この本で対象になっているのは、セリ科の *Heracleum* 属の植物で、オオハナウドの仲間です。学名は架空のものですが、訳するならオオオオハナウド（大きなオオハナウド）のほうがよいと思います。

この植物の仲間が「世界仰天ニュース」で「殺人植物」という物騒な名前で取り上げられたことがあり（二〇一七年二月一日）、取材に協力しました。イギリスで、この植物に触れた人が大やけどをしたようになり、死にそうになったというニュースで、殺人植物というのは大げさですが、この植物に触れると、皮膚がやけどをしたように水ぶくれができてひりひり痛みます。治るまで数カ月かかることがあります。原因物質はオオハナウドと同じフロクマリン（フラノクマリン）です。

アセビ（馬酔木）

科 ツツジ科
属 アセビ属

Pieris japonica (Thumb) D. Don ex G. Don subsp. *japonica*

日本各地に自生し、栽培もされる常緑の低木。四月に壺のような形をした白い花をたくさんつける。

アセビは、ツツジ科アセビ属の常緑低木。日本に自生し、観賞用に植栽もされます。別名を「あしび」、「あせぼ」といいます。馬酔木の名は、「馬」が葉を食べれば「酔」ったようにふらつく「木」からつけられた名前とされます。葉を煎じて殺虫剤として利用されました。近年この殺虫効果を自然農薬として利用する試みがありますが、人間への有毒性に注意が必要です。有毒成分はグラヤノトキシンⅠ（旧名アセボトキシン、図㉔）、アセボプルプリン、アセボイン、アンドロメドトキシンなどで、葉、樹皮、茎、花など植物全体に毒があります。その症状は、血圧低下、腹痛、下痢、嘔吐、呼吸麻痺、神経麻痺などです。多くの草食動物はこの毒に敏感で、食べるのを避けるため、アセビだけが食べ残されて目立つことがあります。昆虫を殺す成分は人間にも猛毒であることが多いので注意が必要です。

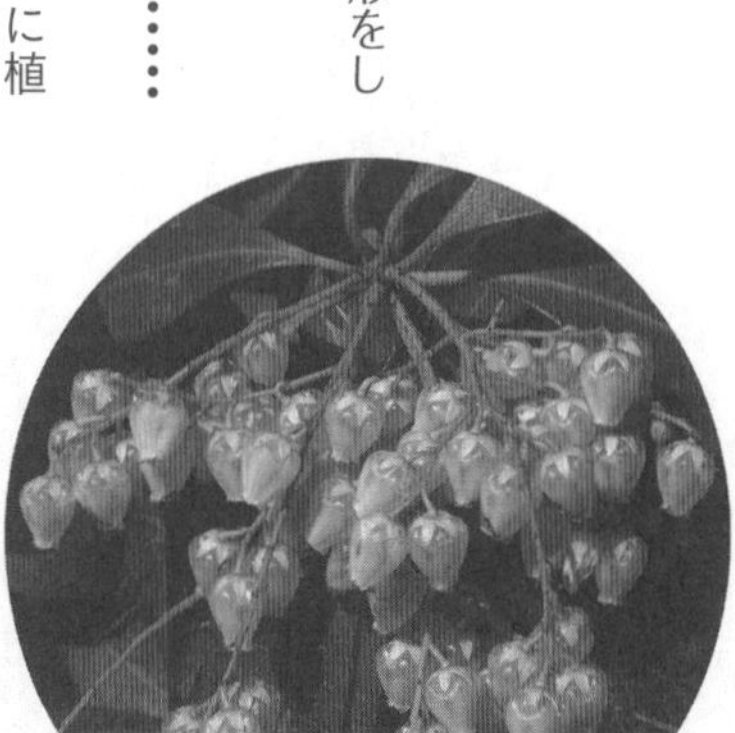

アセビの花

磯の上に　生ふるあしびを　手折らめど　見すべき君が　ありといはなくに
大伯皇女《おおくのひめみこ》（『万葉集』巻二・一六六）

『万葉集』にはアセビを詠んだ歌が一〇首ありますが、アセビの毒性にもかかわらず、ほとんどが恋の歌です。右の歌は、謀反の罪で処刑された大津皇子《おおつのみこ》を、葛城の二上山《ふたがみやま》に葬ろうとしたときに、お姉さんの大伯皇女が詠んだ歌で、磯の岩の上に生えているアセビの花を手折ってみようと思うのだけれど、その花を見せたい大好きなあなたは、もうこの世には生きていないし、誰もどこそこで見かけましたよ、と言って慰めてくれません、という悲しい歌です。大津皇子は天武天皇の皇子で、皇太子の異母弟だったのですが、皇太子よりも体格や容姿が美しく学問にも秀で人格も素晴らしい人物であったため、皇位を奪うのではと疑われ、皇太子の母で叔母でもある、のちの持統天皇によって謀反の疑いをかけられて二四歳の若さで自害に追い込まれたとされます。

大津皇子は亡くなる前に、大伯皇女のいる伊勢に会いにきていました。大伯皇女は引き留めて逃がしてあげることができず、結局大津皇子は亡くなってしまいました。アセビの花を、いまは亡き弟に見せたいというのは、大伯皇女の苦い後悔の気持ちであるのかもしれません。

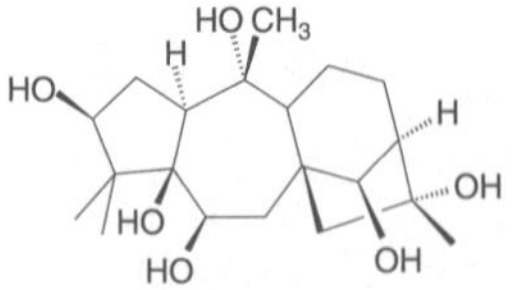

図㉔　アセビのグラヤノトキシン

第6章

ダブル・ネーム

動物の名前が入った植物って結構あるんだね。

一番多いのはイヌ。似ているからというわけじゃない。どうも役に立たないと思われて見下されてたみたいだね。

ということは、役に立つ可能性があるの？

たとえばイヌビユは、世界各地で野菜として食べられてるよ。

別の植物の名前が入っている植物もそんな感じなのかな？

1

動物の名前のついた植物

名前に動物の名前を含む植物があります。『世界有用植物事典』に記載のある動物では、イヌ 21 種、カラス 6 種、キツネ 5 種、サル 5 種、ネコ 4 種、スズメ 4 種、ネズミ 4 種、ウシ 4 種、イタチ 3 種、ウサギ 3 種、ブタ 1 種、タヌキ 1 種です。

「ブタ」がつく植物

ブタクサ、オオブタクサ、ブタナ、ブタノマンジュウ（シクラメン）など、ブタ（豚）のつく植物には、広がりやすいやっかいな雑草が多いようです。ブタノマンジュウはブタが球根を好むという意味で例外です。これは第4章で紹介しました。『世界有用植物事典』にはブタの名前がついた植物が少ないのは、この名前の植物に雑草が多いからではないかと思われます。

ブタクサ（豚草）はキク科ブタクサ属の一年草。北アメリカ原産の外来植物で、全国の道端や河原などに分布しています。花は小さく目立ちませんが、風媒花で、花粉症の原因植物としてよく知られています。日本国内ではスギ、ヒノキに次いで患者数が多いとされ、秋の花粉症ではもっとも問題となる植物です。同属のオオブタクサは、草丈がブタクサより高く四メートルにもなります。葉は三つに切れ込み、その葉の形からクワモドキとも呼ばれるます。河川敷などで大繁茂しており問題雑草となっています。

「イヌ」がつく植物

イヌ（犬）のついたものには、イヌタデ、イヌワラビ、イヌムギ、イヌビエ、イヌマキ、イヌビユなどがあります。イヌがつく植物はこれに近縁の作物に対して「役に立たない」草という意味でつけられたものが多いようです。しかし、『世界有用植物事典』ではもっとも多く出てくることから、作物に近縁で将来作物になる可能性を秘めている植物といえます。

イヌビユ（犬莧）はヒユ科ヒユ属の一年生植物で、畑、果樹園、空地、道端などで、夏期に旺盛に生育する雑草です。地域によっては、ノビユ、クサケトギ、ヒョー、キチガイ、ヤブドロボウ、オコリ、フシダガ、ヒエ、フユナ、ヨバイグサと呼ばれます。

イヌビユに類縁のアマランサス属植物の葉は東南アジアでは野菜として普通に食べられています。バングラデシュからきた留学生が、畑の端に生えているイヌビユを見て喜び、この葉はとてもおいしいんだと教えてくれました。イヌビユの仲間は世界各地で野菜として育てられています。

日本でも、『時局本草』という一九四二年に出版された本に、イヌビユは、若い葉を麦、粟などに混ぜて炊く、あるいは粥や雑炊として食べる、あるいは天ぷらにすると記載されています。

「イヌ」の名前がつく植物はつまらない植物と見下されることが多いのですが、イヌビユは道端に生えているけれど食用になるすぐれた植物です。

イヌビエ（犬稗）は水田や路傍、荒れ地などに生育するイネ科の一年草。水田雑草としてもっとも嫌われるものです。イヌビエの仲間は田植えとほぼ同時期に発芽し、イネの出穂に先だって八月頃に開花・結実し、イネが刈り取られるよりも前に種子を散布してしまいます。草形はイネとよく似ており（これを擬態といいます）、イネの穂が出る前にはイネと区別するのがたいへん難しく、除草しにくい雑草です。稲作に見事に適応した雑草といえます。

なお、イヌビエは雑穀として重要な穀物であったヒエ（稗）の原種です。またヒエは「冷え」であり、寒さに強い作物であることからつけられた名前という説があります。

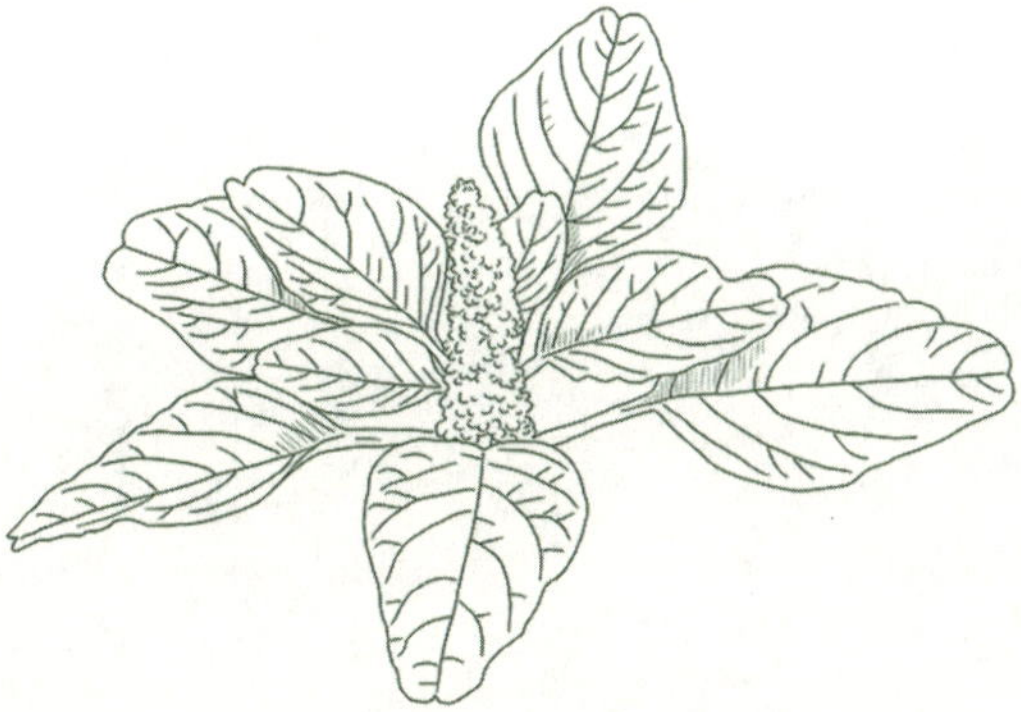

イヌビユ

「ネコ」がつく植物

ネコヤナギ、ネコジャラシ（＝エノコログサ）、ネコノメソウなど、ネコがつく草は、その形態がネコの尾や目などに似ていることから命名されたようです。

ネコノメソウ（猫の目草）は、ユキノシタ科ネコノメソウ属の多年草で、日本在来種ですが、現在は珍しい植物となっており、絶滅が心配されています。和名は裂開した果実がネコの目のように見えるところからつけられました。

エノコログサ（狗尾草）は、イネ科エノコログサ属の一年生植物です。白い尾のような花穂を猫の前で振ると、猫が喜んでじゃれつくことから「ネコジャラシ」と呼ばれるようになりました。雑穀のアワ（粟）の原種とされます。畑の畦道などで昔アワを栽培していたところでは、アワとエノコログサの交雑種オオアワが生えていることがあります。

ネコノメソウ

ネコヤナギ（猫柳）は、ヤナギ科ヤナギ属の落葉低木で、川の近くに自生しています。銀白色の花穂はエノコログサに似ており、「ネコヤナギ」の和名はこの花穂をネコの尾に見立てたことによります。日本在来種であり、これを利用した護岸の緑化や環境保全への利用が期待されています。笠木透作詞、田口正和作曲、高石ともやとザ・ナターシャー・セブンが歌っていた〈川のほとり〉というフォークソングがあります。

めぐる春の　水光る　川のほとりの　ネコヤナギ
春を告げる花なのに　心を開く　人は無し
めぐる夏への　雲が行く　川のほとりの　月見草
一夜限りの花なのに　心を寄せる　人は無し
同じ土　同じ草　変わりはないのか　悲しいぞ
人は去り　時は流れ　変わって行くのか　悲しいぞ

歌詞の二番にはヒガンバナと枯れアザミが出てきます。花は春夏秋冬、毎年同じように咲くけれど、人間は変わっていく、どちらも悲しいというこの歌が好きで、大学時代に私に教えてくれた友人は、若くして亡くなりました。ネコヤナギを見ると、この歌と彼のことを思い出します。

「キツネ」がつく植物

キツネノマゴ、キツネノボタン、キツネノカミソリ、キツネアザミなど、キツネがつく植物は「有毒植物」か「トゲ」を持つ危険なものがあるようです。キツネが人をだましたという伝説もあり、日本人には嫌われていた動物だったからかもしれません。

キツネノマゴは、キツネノマゴ科キツネノマゴ属の一年草です。名前の由来は不明で、花序が花の咲いたあとに伸びる姿がキツネの尾のようだとか、花の形がキツネの顔を思わせるからとの説もありますが、いずれも根拠に乏しいとされます。

マレーシア原産のキツネノマゴ科植物 *Staurogyne merguensis* Kuntze の葉には無味を甘味に変える作用（味覚修飾作用）のあるトリテルペン系ステロイド

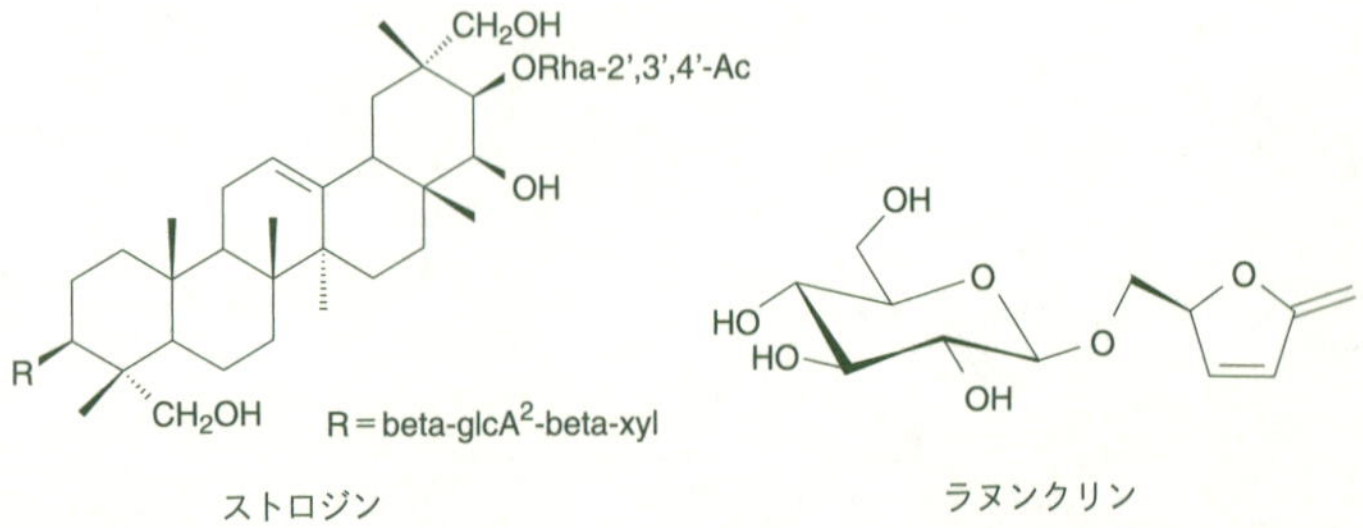

図㉕　キツネノマゴ科のストロジンとキツネノボタンのラヌンクリン

配糖体のストロジン（図㉕）が含まれています。ストロジンの効果の持続時間は二〇〜三〇分ですが、この物質は熱に強く常温で安定です。現地の人はこの植物を食べていて、強い毒性がないと考えられるため、甘味料やダイエット食品への利用が考えられています。

キツネノカミソリ（狐の剃刀）はヒガンバナ科の多年生草本で球根を持ち、ヒガンバナに近縁の植物です。葉の形や花と葉を別々に出すところ、有毒植物である点はヒガンバナと共通ですが、花が小さく、キツネがこの花をカミソリに使いそうだとして名づけられたとのことです。花を出すのが八月頃でヒガンバナよりひと月早く、葉を出す時季も早春で、花のあとすぐ葉を出すヒガンバナと異なっています

キツネノボタン（狐の牡丹）は、キンポウゲ科キンポウゲ属の多年草で、実の形からコンペイトウグサと呼ばれることもあります。同じキンポウゲ属のウマノアシガタやタガラシと共通のラヌンクリン（図㉕）という毒物を含む有毒植物で、食べると口腔内や消化器に炎症を起こし、茎葉の汁が皮膚につくとかぶれます。葉はセリに似ており、セリとよく似た湿気た場所に生育するので、間違って食べないよう注意が必要です。民間療法で皮膚に貼ると扁桃腺や関節痛に効くというものがありますが、かぶれて皮膚炎を起こすことがあるので注意が必要です。

キツネノボタンの花

「シラミ」や「ノミ」がつく植物

シラミ（虱）やノミ（蚤）の名がつく植物は、種子の形がシラミやノミに似ているため命名されたようです。

シラミがつく植物

やぶに生え、果実がシラミに似ているからヤブジラミ（藪虱）と命名されました。果実にはカギ状に曲がった刺毛《しもう》があり、これによって衣服にくっつきやすくなっており、服についた様子もシラミに似ているという意味のようです。

シラミは人間や動物に寄生して血液や体液を吸う昆虫です。チフスなどの伝染病も媒介することから、たいへん嫌われてきました。日本では戦後、ＤＤＴによって根絶していたのですが、最

ヤブジラミの実

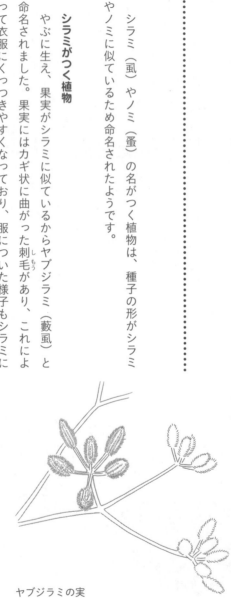

近一部でまた増加しています。

戦前までは衛生状態が悪かったので、シラミは多く、コロモジラミ（衣服）、ケジラミ（陰部）など、きたない昆虫として嫌われていました。戦後、塩素系殺虫剤DDTによって激減しました。これはDDTの功績といえます。DDTは一九三九年にスイスの科学者パウル・ヘルマン・ミュラーによって殺虫効果が発見され、彼はこの業績で一九四八年にノーベル医学・生理学賞を受賞しました。しかし、DDTは一九六〇年代に発表されたレイチェル・カーソンの『沈黙の春』に端を発する合成農薬に対する批判の矢面に立たされ、その有毒性がマスコミなどで大きく喧伝された結果、世界各国で全面的に禁止されました。

DDTは発がん性があるとされ、環境ホルモンとして機能すると報道され、使用されなくなった結果、DDTの散布によっていったんは激減したマラリア患者が、DDT禁止以降はふたたび激増しました。スリランカでは、一九六二年までにDDTの散布の効果で年間二五〇万人もいたマラリア患者が三〇人にまで激減しましたが、DDT禁止後わずか五年で年間二五〇万人に逆戻りしました。

その後の研究でDDTの発がん性や催奇形性は通常の使用濃度では認められないことから、国際がん研究機関（IARC）による発がん性リスクのリストではグループ2B（疑わしい物質）にランクされ、発がん性があるグループ1（γ線、タバコ、アルコール、加工肉など）、発がん性がおそらくあるグループ2A（アクリルアミド、紫外線など）に比べて低いランクになっています。残存性に関しても、普通の土壌では細菌によって二週間で消化され、海水中でも一カ月で九割が分解されることが報告されています。このため二〇〇六年より世界保健機関（WHO）は、発展途上国においてマラリア発生のリスクがDDT使用によるリスクを上回ると考えられる場合、マラリア予防のためにDDTを使用することを認めています。

DDTによってマラリアなどから救われた人間の数は五〇〇〇万〜一億人といわれ、レイチェル・カーソンを批判する声も出ています。しかし彼女によって農薬の安全性は飛躍的に高まり環境問題に人々の目を向けさせた功績は大きく、物事を極端に見ないことの大切さを教えてくれます。

キカシグサの種子（提供：松江の花図鑑）

キカシグサという水田雑草があります。キカシは聞きなれない言葉ですが、シラミの古語「キカジ」からきており、種子がシラミの卵に似ていることから命名されています。この仲間はロタ ーラという名前で、水草として人気です。

ノミがつく植物

ノミノフスマ（蚤の衾）はナデシコ科の雑草。葉が小さいので、ノミが使うフトンの意味です。

ノミノツヅリ（蚤の綴り（ノミの服の意味））もナデシコ科で、やはり葉が小さく細いので名づけられました。宇都宮大学の須藤裕子らは、道路沿いの雑草植生を調査し、ノミノツヅリは路面間隙・路傍・河川・砂利式駐車場などの乾燥したところに多く、ノミノフスマは水田・河川などの湿ったところに多いと報告しています。

ノミトリギク（蚤取菊＝除虫菊：シロバナムシヨケギク）は、実際にノミを取る成分を含んでいるので名前がつけられています。ノミも吸血性の寄生昆虫で戦前は日本でも蔓延していました。中世ヨーロッパではネズミのノミがペストを媒介したことから、ノミは危険な昆虫として恐れられていました。

ノミノツヅリ（提供：Fornax）

ノミノフスマ（提供：深紅のMA/PIXTA）

ムカデシバ（センチピードグラス）

科 イネ科
属 ムカデシバ属

Eremochloa ophiuroides (Munro) Hack.

水田の畦畔や草地などに植えられる葉と茎がムカデのような形の多年草。秋に穂が出ることがある。

葉の形がムカデのようなのでムカデシバと命名されました。チャボウシノシッペイという別名もあります。中国南部原産のイネ科植物です。被覆植物として有用で、水田畦畔の雑草抑制に実用化されています。とくに滋賀県の琵琶湖の沿岸部で大規模な水田畦畔に普及しています。

センチピードグラスは水田畦畔や芝生として研究され、雑草化の心配がないので普及が進んでいます。草地試験場の山本嘉人らは、一度確立したセンチピードグラス放牧草地においても、放牧を中止して利用放棄することによりセンチピードグラスは衰退し、五年ほどで消失する可能性が高く、また八年程度放牧利用してもこの期間にセンチピードグラスが埋土種子*となる可能性は低いこ

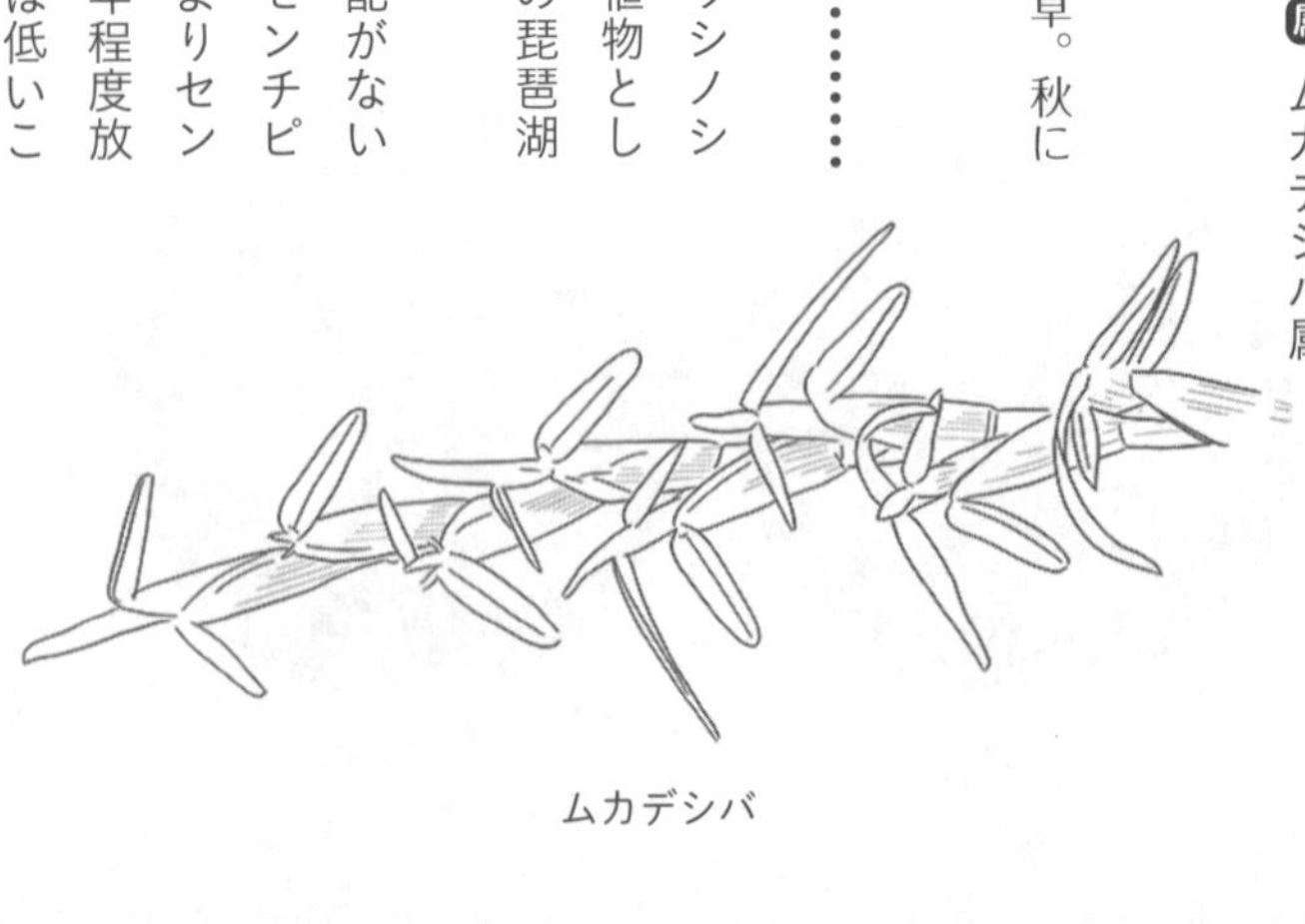

ムカデシバ

とを明らかにし、放牧利用を目的にセンチピードグラスを導入しても、日本在来植生を攪乱する可能性は低いと結論しています。センチピードグラスは耐乾性、耐陰性、耐雪性、冠水抵抗性、耐病虫性があり、節から分枝し、発根するランナーによって土面を速やかに覆い尽くし、厚いマット状の茎葉を形成し雑草種子を発芽させません。アレロパシー活性も強いことから、水田畦畔などの管理に優れた植物です。

なお、センチピードグラスは、アメリカ合衆国農務省の著名なプラントハンターであるフランク・マイヤー（一八七五〜一九一八年）が生涯の最後に発見した植物です。彼は世界各地で有用植物を探索しましたが、最後に中国奥地を探検し帰らぬ人となりました。しかし乗っていたボートが流れ着き、彼が使っていたアタッシュケースにこの草の種子が入っており、同僚がアメリカに持ち帰って評価したところ、大変優れた牧草であったので、普及されました。その原産地は長く不明でしたが、アメリカ農務省と中国との共同研究で調査隊が調べた結果、中国南部が原産地と判明し、さらに耐寒性のある優良な品種が得られました。

＊　**埋土種子**：土壌中に含まれる植物（とくに雑草）の種子。発芽する機会を待って休眠している種子を意味する。雑草の中には五〇年以上経っても発芽する能力を持っているものがある。

2

ほかの植物の名前が入っている植物

キュウリグサ、ユキヤナギ、サンショウモなど、名前の中にほかの植物の名前が入っている植物があります。形やにおいが似ていることから名づけられたものが多いようです。

コミカンソウ（小蜜柑草）

Phyllanthus urinaria

科 コミカンソウ科
属 コミカンソウ属

ナガエコミカンソウ（長柄小蜜柑草）

Phyllanthus tenellus

科 コミカンソウ科
属 コミカンソウ属

コミカンソウの葉はマメ科に似た羽状複葉です。コミカンソウ科に属し、枝の下に花を咲かせ、小さいけれどミカンに似た実ができます。日本に古く入った史前帰化植物とされています。

一方、最近よく道端で目にするナガエコミカンソウは別名をブラジルコミカンソウともいいます。インド洋のマスカリン諸島の原産ですが、現在は世界各地の熱帯・亜熱帯に広く帰化しています。コミカンソウ類はトウダイグサ科に分類されていましたが、遺伝子に基づくＡＰＧ体系分類で、コミカンソウ科として独立しました。トウダイグサ科の植物は茎を切ると白い乳液が出ます。コミカンソウ類だけは乳液が出ませんでしたが、ＡＰＧ体系で別科として独立したことにより、トウダイグサ科の植物はすべて乳液を出すことで統一されました。コミカンソウとナガエコミカンソウは口絵の写真も参照してください。

キュウリグサ（胡瓜草）

科 ムラサキ科
属 キュウリグサ属

Trigonotis peduncularis Trevir. Benth. ex Hemsl.

日本各地の道端や庭などに生える多年草。三月から六月に直径約二ミリメートルの小さい淡青紫色の花を咲かせる。

キュウリグサの花

キュウリグサはムラサキ科キュウリグサ属の雑草で、その葉を揉《も》むとキュウリのにおいがするので、この名前がつけられました。

キュウリグサのにおいに関しては、武庫川女子大学の藤田眞一と野上喜代が研究し、キュウリのにおい成分とまったく同じ、炭素数が九のキュウリアルデヒド、キュウリアルコール（図㉗）とその関連物質を検出しています。これらの成分は細胞膜の構成成分であるリノレン酸やリノール酸にリポキシゲナーゼという酵素が働くことで生成することが知られています。ふつうの植物の葉を揉むと、炭

キュウリアルコール

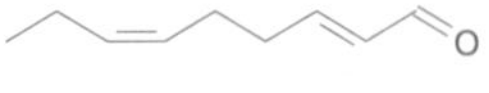

キュウリアルデヒド
（スミレ葉アルデヒド）

図㉗　キュウリアルコールとキュウリアルデヒド（スミレ葉アルデヒド）

素数が六の青葉アルコールと青葉アルデヒドが生成しますが、キュウリグサの場合は少し変わっています。これらの揮発性成分には微生物の生育を阻害したり昆虫を忌避したりする作用があり、葉が傷ついたときに植物が病原菌や害虫に犯されないように身を守っている成分であると考えられています。これもアレロパシー現象の一つです。

キュウリグサの花はたいへん小さいのですが、よく見るとワスレナグサ（ムラサキ科ワスレナグサ属）の花に似ています。

梨木香歩さんは『西の魔女が死んだ』の中で、主人公の女の子に、キュウリグサを「ヒメワスレナグサ」と呼ぼうといわせています。すてきな魔女だった大好きなおばあちゃんの思い出にこのキュウリグサを使っています。花は小さい雑草だけれど、ワスレナグサによく似ていて、梨木さんはこの雑草をとてもよく観察しておられると思います。

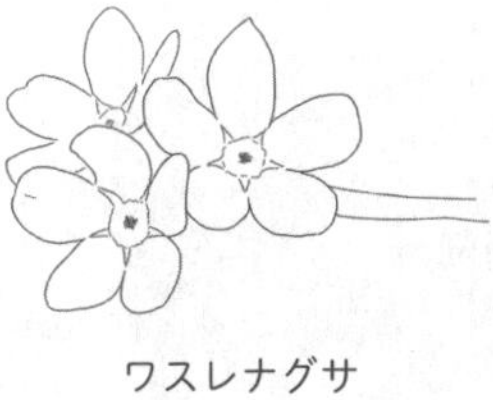

ワスレナグサ

ユキヤナギ（雪柳）

科 バラ科
属 シモツケ属

Spirae thunbergii

日本原産で全国に生える落葉性の低木。三月から五月に雪のように見える白い花をたくさんつける。

ユキヤナギは日本在来種です。私たちの研究で葉に強力な植物成育阻害成分を含むことを明らかにしました。そのアレロケミカルを植物に対する成育阻害活性を指標に分離した結果、活性本体として、シス桂皮酸とそのグルコシド（図㉘）を同定しました。シス桂皮酸の植物成育阻害活性はトランス桂皮酸の一〇〇〇倍も強く、植物ホルモンのアブシジン酸に匹敵する強い活性を示しました。ユキヤナギは生の葉よりも落ち葉になったほうが強い阻害活性を示しましたが、これはシス桂皮酸の増加で説明できました。土壌中でも安定であり、

ユキヤナギ

ユキヤナギの樹の下で雑草が少ない現象は、これらの物質で説明できる可能性があります。その後これらの物質には「重力屈性」を阻害する作用があることを明らかにし、特許を申請しました(重力屈性阻害については、クズの項を参照)。この作用を利用すればクズなどのつる性植物の巻きつき防止に利用できるので、現在研究を継続しています。

一方、ユキヤナギはその名のとおり、ヤナギに似て水辺を好む性質があります。ユキヤナギの葉は、ため池や湖に発生して悪臭や水質悪化の原因となるアオコの藻類防除にも効果があるので、アオコ防止にも利用可能と考えています。

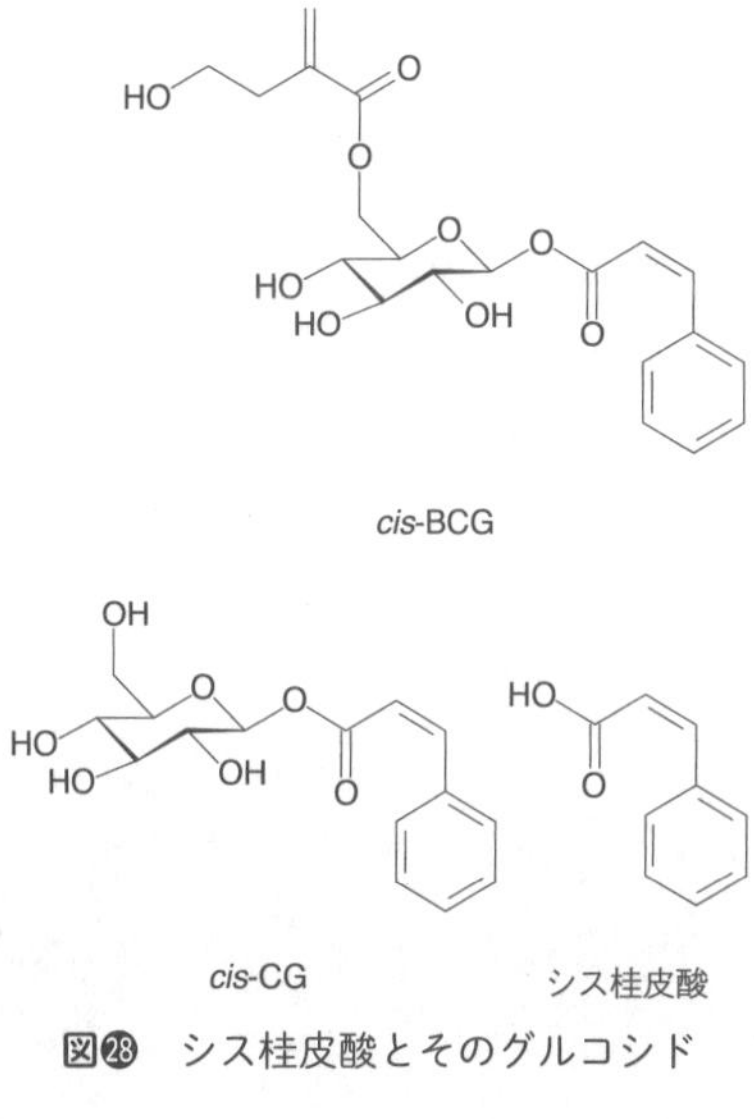

図㉘　シス桂皮酸とそのグルコシド

第７章

ハッピー・ネーム
～めでたい名前の植物～

富とか、吉とかがついていて、名前だけでハッピーになれそう。

実際に人間の役に立つ植物が多いから、イメージそのままという感じ。

ただ、知られていることがすべてじゃないわけでしょう。

まさに。クソとかバカとかつけられた植物にも有用なものはたくさんある。

その違いって何なんだろうね。

富貴豆や富貴草、吉祥草など、めでたい名前を持つ植物があります。その植物を栽培すると金持ちになれるとか、めでたいことがあるという意味でつけられたようです。おおむね人間に役立つ成分を含むことが多く、人間に嫌われていない植物です。

富貴豆

富貴豆（フウキマメ）の名前で呼ばれるマメにはいくつかの種類がありますが、私たちが長年研究している「はっしょうまめ」を紹介します。このマメは学名を*Mucuna pruriens* var. *utilis*といい、学名から「ムクナ」と呼ぶ人もあります。日本や台湾ではこのマメを栽培すると金持ちになれるということから、「フウキマメ」、あるいはマメの生産量が多く、一粒の種子から八升のマメが取れるので「はっしょうまめ」、さらには「おしゃらくまめ」とも呼ばれ、江戸時代までは各地で栽培されていました。しかし、現在はすたれています。その理由として、ダイズのようにいっせいに収穫できる有限成長型のマメではなく、トマトのように花が咲いて実ができても、さらに成長してまた花が咲いて実ができるという無限成長型のマメであり、いっせいに収穫するのが難しいこと、種子には特殊なアミノ酸を多量に含んでおり、これが健康にはよいのですが、たくさん食べるには調理して成分を抜く必要があり、その調理がややめんどうくさいこと、鞘の毛がす

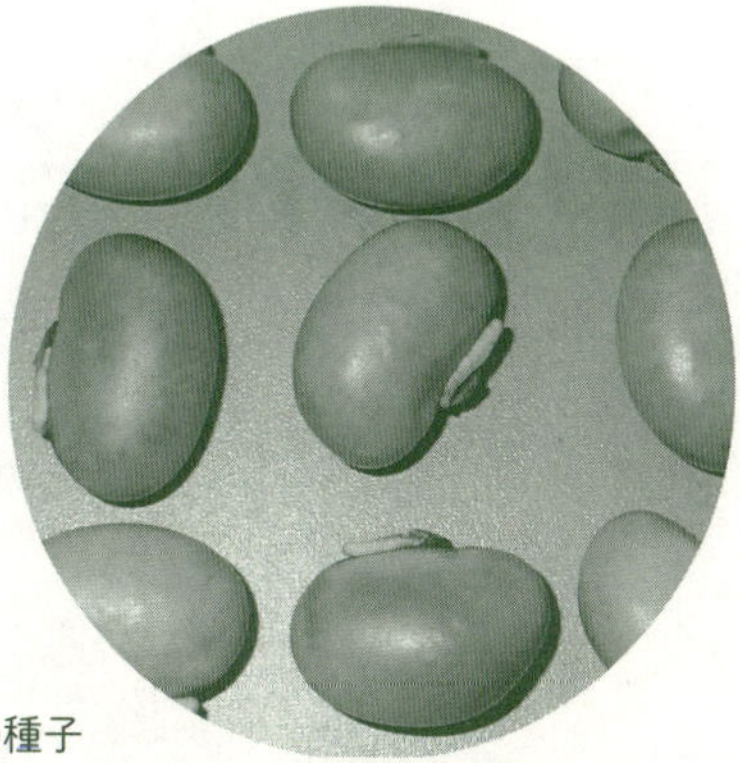

ムクナの種子

こしちくちくすることなどの欠点があるためと思われます。

私は学位論文で、この植物の研究を行い、アレロパシー活性が強く、その作用本体がL-3,4-ジヒドロキシフェニルアラニン、略して「L-ドーパ」（図㉙）という特殊なアミノ酸であることを明らかにして農学博士の学位を取得しました。この植物は雑草や病害虫に強く、やせた土地でも生育し、種子は多収で食用になり、茎葉は牧草になることから、復活が期待される有用植物としてその普及に努めています。

フウキマメは繁茂すれば雑草をほとんど抑制します。そのおもな要因は被覆による光の遮蔽ですが、特殊なアミノ酸であるL-ドーパによるアレロパシーも寄与していることを明らかにしました。L-ドーパは葉や根の生体重の一％も含まれており、広葉雑草の生育を阻害しますが、イネやコムギ、エンバク、トウモロコシ、サトウキビ、ソルガムなどのイネ科植物は阻害せず、むしろ互いに生育を良くする「共栄関係」にあります。

一方、L-ドーパは、脳内の神経伝達物質であるドーパミンの前駆体であり（図㉙）、この性質から、合成されたL-ドーパがパーキンソン病の特効薬として用いられています。L-ドーパはソラマメにも微量含まれますが、フウキマメほど多量に含む植物はありません。

フウキマメは、巨大な根粒をつけ窒素固定をする緑肥作物であり、被覆植物として土壌

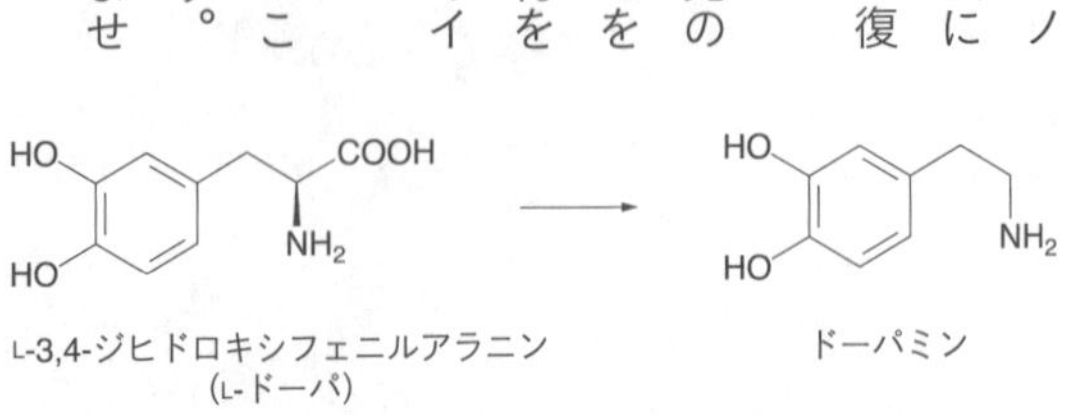

図㉙ L-ドーパからドーパミンへの反応

保全にも利用できます。茎葉生産性が高く、粗タンパク量も多い優れた飼料にもなります。中国では豆腐に、わが国では餡、煮豆、キントンに利用されていたと古文書に記載があり、お茶の水女子大学の香西みどり教授の研究室で調理法が研究され、飯島久美子さんがこの課題で博士号を取得されました。味はインゲンに似ており、調理次第ではすぐれた食材になると期待されます。フウキマメは現在は、栽培植物としては消滅していますが、ここで紹介したような特性から、復活が期待されます。

●葉

●花

●若い鞘

富貴草（フッキソウ）

Pachysandra terminalis

科 ツゲ科
属 フッキソウ属

吉祥草（キチジョウソウ）

Reineckea carnea (Andrews.) Kunth.

科 スズラン科
属 キチジョウソウ属

ともに日本在来の多年生植物ですが、アレロパシー活性が強く、被覆植物として雑草抑制や庭園の管理に適していると考えています。

フッキソウはツゲ科の常緑小低木。日本原産で、東アジアに分布します。英語名はJapanese Spurge。常緑でよく茂ることから富貴草と呼ばれますが、キチジョウソウ（吉祥草）と呼ぶこともあります。後述のスズラン科のキチジョウソウと紛らわしいので、こちらはフッキソウと呼ぶのが一般的です。縁にギザギザのある葉っぱをたくさん茂らせるのが特徴で、日本では古くから庭園に植えられてきました。一年中光沢のある緑色の葉をつける常緑植物で、縁起が良いからと、「富貴」の名前がつきました。庭に植えられますが、ツゲ科で、じつは樹木の仲間です。日当たりの悪い場所でもよく育ちますので、ビルの谷間や都会の日が照らない場所に最適です。私たちの検定でアレロパシー活性が強いことがわかっていますが、その作用成分は明らかではありません。

キチジョウソウはユリ科スズラン亜科の常緑多年草。吉祥は、幸福、繁栄を意味し、仏典ではめでたいという意味です。仏教の守護神の吉祥天は、もとはヒンドゥー教の女神のラクシュミーです。ラクシュミーは最高神であるヴィシュヌ神の妻で、愛の神であるカーマの母でもあり、幸福・美・富を顕す神とされ、さらには美女の代名詞になっています。

キチジョウソウは細長い葉が根元から出ます。草丈は短く、二〇～三〇センチメートル。日本原産の植物で、病害虫が少なくきわめて丈夫です。また、剪定などの手入れはほとんど必要ありません。暗い日陰に耐えるので、家庭の庭に最適です。一度植えておけば一〇年以上持続します。一〇～一一月に小さな淡紫色の穂状の花が咲き、この花が咲くと良いこと（吉祥）があるといわれています。

フッキソウ

吉祥果＝ザクロ（石榴、柘榴、若榴）

Punica granatum L.

科 ミソハギ科
属 ザクロ属

庭木などとして観賞用や食用に栽培される落葉性の低木。初夏に鮮やかな紅色の花を咲かせ、ほかの樹木が緑色の中でよく目立つ。

ザクロの実は吉祥果《きちじょうか》と呼ばれ、魔除《まよ》けになるめでたい植物とされています。

ところが、タコさんウインナー®（プリマハム株式会社）にそっくりなものが道端に落ちていて驚くことがあります。色も赤くてタコさんウインナー®にそっくりです。これはザクロの萼《がく》です。ザクロは、ミソハギ科ザクロ属の落葉小高木で、実は食用になるので、家庭園芸によく栽培されています。原産地は、トルコあるいはイランから北インドのヒマラヤ山地にいたる西南アジアあたりです。女性ホルモンを多く含み、とくに種子には植物エストロゲンのクメステロールが含まれているとされます。

ザクロはペルシャ北部（現在のイラン）の「安石国」からシルクロードを通って中国に伝わり

ザクロの萼

ました。イランにはいまでも多くの品種、系統があります。

ザクロは鬼子母神と深い関係があります。鬼子母神は右手に吉祥果（ザクロ）を持ち、左手で子供を抱いています。鬼子母神は五〇〇人の子供を持つ女の鬼（鬼子母）でしたが、子供たちを育てる栄養を取るため人間の子供を誘拐し食べていました。人間は困ってお釈迦様に相談しました。お釈迦様は、鬼子母が可愛がっていた一番下の子供を神通力で隠しました。鬼子母は必死に自分の子供を探しましたが見つからないのでお釈迦様に相談しました。お釈迦様は鬼子母に「五〇〇人の子供の中でたった一人いなくなっただけで、あなたはとても悲しんでいる。子供が数人しかいない人間の親の悲しみがわかるでしょう」と話して子供を鬼子母に返しました。鬼子母は改心し、子供たちを守ることを誓い、鬼から子供を守る神様、安産の神である鬼子母神となりました。

この話は、相手の立場に立って考えることの大切さを教えています。松尾芭蕉の対象と一体になる「なりきり」の精神、勝海舟の「相手と立場を変えて考える」交渉術、加藤一二三九段が行っていた相手の将棋盤の後ろにまわって相手の側から情勢を見ること、などに通じるものがあります。

小判草（コバンソウ）

科 イネ科
属 コバンソウ属

Briza maxima L.

道端に雑草として生えている一年草。六月から九月に緑色の俵のような形の穂をつけ、熟すと小判のような色と形になる。

コバンソウはヨーロッパ原産のイネ科植物で明治時代に鑑賞用に日本に持ち込まれた外来植物です。タワラムギという別名もあります。小判のような穂が面白いので、昔はこの植物の種や苗を子供たちに配って普及していたことがあります。穂はドライフラワーにも利用されていました。しかし、繁殖力が旺盛で、現在道端やいたるところで雑草化し大きな群落になっていることがあります。外見がかわいいものについ気を許しがちですが、注意が必要です。

コバンソウの穂や葉は、犬や猫やハムスターが喜んで食べます。イネ科の種子は頴果と呼ばれ無毒です。猫がコバンソウを喜んで食べるのは、「猫に小判草」というしゃれになっています。

小型のコバンソウにヒメコバンソウ（姫小判草）というのがあります。別名をスズガヤといいます。穂を振ると鈴のような小さな音がするためです。

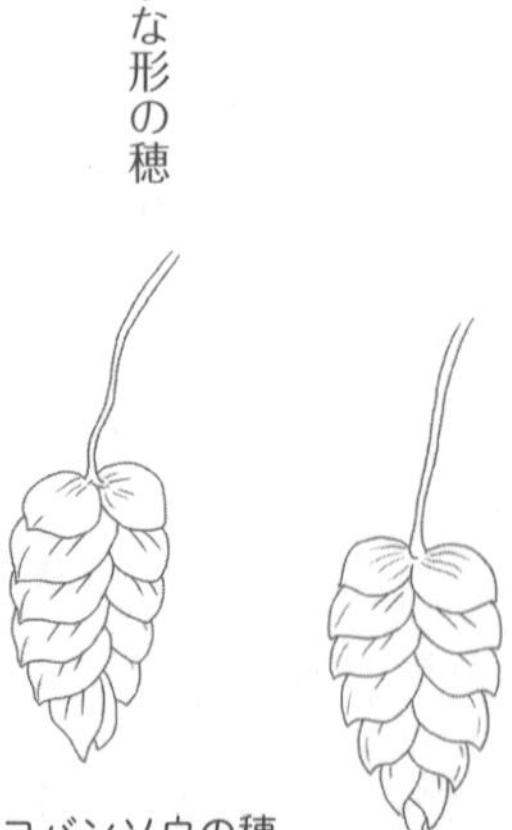

コバンソウの穂

キッソウ（吉草、纈草）

科 オミナエシ科
属 カノコソウ属

Valeriana fauriei Briq.

日本全国の山地にまれに生えている多年草。薬用に栽培される。五月から七月頃にオミナエシに似た淡紅色の小花を多数咲かせる。

キッソウは、別名をカノコソウ（鹿の子草）といい、オミナエシ科カノコソウ属の多年草です。日本各地（北海道、本州、四国、九州）、朝鮮半島、中国に分布し、山地の湿った草地に生えています。上から見ると、ポツポツとした蕾が鹿の子絞りに見えることからカノコソウの名がついたとされます。その根には約八％の精油成分を含み、吉草根《きっそうこん》または纈草根《けっそうこん》と呼ばれ、生薬になります。日本薬局方にも収録されており、ヒステリーなどに対する鎮静作用、睡眠の改善作用、リラックス効果があるとされ、女性用の薬として現在でも広く利用されています。

この植物は根にイソ吉草酸を多量に含み、特有のにおいがあります（図30）。このにおいは、靴下のにおい、納豆のにおいの主成分であり、一般には悪臭として嫌われますが、薄めると気分が落ち着く親しみのあるにおいと感じられ、人間くさいにおいといえます。ただ、納豆では悪臭の主成分とされるので、最近、大手納豆メーカーの研究者が、長年の研究の結果、イソ吉草酸の発生が少ない納豆菌を選抜され、これを使ったにおいが少ない納豆がブームになっています。

なお、マツタケの香りとして日本人に好まれるマツタケオール（1-オクテン-3-オール）は、ヨーロッパ人には革靴のにおいや靴下のにおいとして嫌われています。においには生活習慣や記憶も深く関連することが知られています。

ちなみに納豆には、ダイアセチル（ジアセチル）というアセチル基が二分子結合したような物質ですっぱいにおいのする成分も含まれ、発酵が進むと次第に増加してきます。私が学生の頃、一九七〇年代にこのにおいを「つわり臭」と教わりました。しかし、この名前を家内に喋ったところ、セクハラ用語であると批判されました。そのような意見があるためか、いまはこの言葉は用いられていないようです。最近ではこの物質のにおいは「加齢臭（おやじ臭）」であるといわれているようです。おやじ臭も差別的な言葉のように思うのですが、あまりとやかくいう人はいません。おやじの寛容さのためでしょう。でもみんな年を取っておやじになるのだから、あまりおやじをいじめたりからかったりしないでほしいものです。

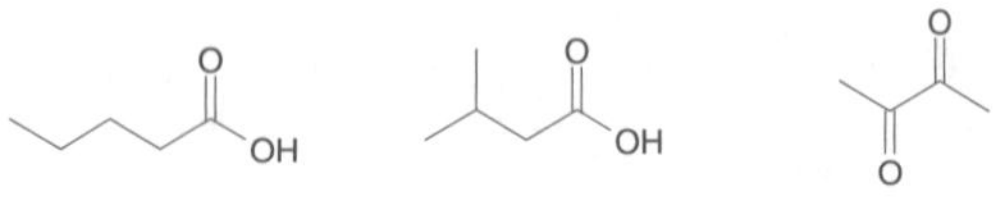

吉草酸　　イソ吉草酸　　ダイアセチル

図30　キッソウに含まれているとても臭い物質

第8章

番外編

名前の長さで、いつから日本にあった植物かどうかわかるの？

短ければ短いほど、身近にあった植物だと言えるだろうね。

イ、チ、ヒ、キとか言われてもちょっとわからない^^;

長い名前、意味不明な名前もあるし、気になりだしたら止まりません。

名前に注目するだけでも植物の世界のなんと奥深いこと！

1

短い名前の植物

一文字のたいへん短い名前の植物があります。これらは日本在来の植物か、古い時代に導入された身近な植物です。代表的な植物を紹介します。

イ＝イグサ（藺）

科 イグサ科
属 イグサ属

Juncus effusus L. var. *decipens* Buchen.

北海道から沖縄の湿地や浅い水中に生える多年草。茎が株立ちして束状になる。葉は退化しており、緑色の花をつけるが目立たない。

イは、単子葉植物イグサ科の植物で、その茎を畳表《たたみおもて》や茣蓙《ござ》の材料にします。標準和名はイで、もっとも短い標準和名です。畳は、日本にしかない固有のもので、中国にもありません。その原点は莚《むしろ》、茣蓙、菰《こも》などの薄い敷物であり、使用しないときは畳んでおくことから、「タタム」が「タタミ」になったとされます。畳の基本単位の一畳は三×六尺（九一×一八二センチメートル）です。これは人間一人分の寝るスペースになります。「起きて半畳、寝て一畳。天下取っても二合半」という格言があり、人間はどんなに成功して天下をとっても、寝る場所は一畳あれば足りるし、一日に二合半以上の米は食べられないとして、人間の物欲を戒め、人間生きているだけで幸せだ、人間は平等だと教えています。

また、イグサには大腸菌O157、サルモネラ菌、黄色ブドウ球菌などの食中毒細菌、バチル

イグサ（提供：Meggar）

ス菌、ミクロコッカス菌などの腐敗細菌、レジオネラ菌などに対する抗菌作用が知られています。これは植物体に含まれるアレロケミカルの効果です。また、畳はホルムアルデヒドやハウスダストなどを吸収する効果も知られています。

イグサは日本在来種ですが、*Juncus* 属植物は北半球の温帯に広く分布しています。南米のペルーには、シクラ（shicra）というイグサ科の植物があります。二〇〇五年に、ペルーの天野博物館の阪根博氏と筑波技術大学の藤澤正視教授、愛知県立大学の稲村哲也教授らのグループはシクラを使ったシクラス遺跡を調査し、この遺跡が四八〇〇〜四一〇〇年前（紀元前二八〇〇〜二一〇〇年）の南米最古の文明の跡であることを発見しました。そして、この文明の神殿は「シクラ」と呼ばれる〝植物繊維の籠で包まれた礫〟を積層して基壇を構築し、その上に建造されており、このイグサの仲間でつくった籠が古代の免震構造になっていることを明らかにされ、現代建築に生かそうとされています。私は二〇〇九年にこのグループの調査隊に加えていただき現地でシクラを調査しましたが、シクラの縄は腐らず原型を保っていました。日本でも「蛇籠《じゃかご》」といわれる礫を固めたものが河川堤防や斜面の保護に伝統的に使われていたことを東京農工大学の向後雄二先生に教わり、先人の知恵に感心しました。

イグサ科の Junco でつくったシクラ（復元）

エ＝エゴマ（荏胡麻）

科 シソ科
属 シソ属

日本原産で古くから栽培されていた多年草。七月から八月に小さな白い花を咲かせる。

Perilla frutescens (L.) Britton

エ。エゴマの古い名はエで、福井県などではいまでもエと呼びます。韓国でもエと呼ばれており、福井県と韓国は古代に結びつきが強かったことを思わせます。エゴマはシソ科で、現在一般的なシソはエゴマの変種とされ、学名も *Perilla frutescens* (L.) Britton var. *crispa* (Thunb.) H. Deane です。

古代、エゴマの葉を食べていたようで、韓国では現在も野菜として食べる習慣があります。種子からはエゴマ油が絞られ、ゴマやナタネ油が普及する前には重要な油でした。α-リノレン酸を多量に含み、健康に良いことが知られています。葉にはペリラケトンやエゴマケトンなどが含まれ、抗菌・耐虫活性があることが知られています（図31）。

エゴマの葉

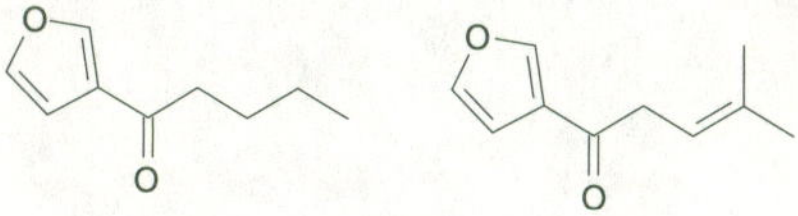

ペリラケトン　　エゴマケトン

図31　エゴマとシソに含まれるペリラケトンとエゴマケトン

オ＝カラムシ（苧麻）

科 イラクサ科
属 カラムシ属

Boehmeria nivea (L.) Gaudich. var. *nipononivea* (Koidz.) Kitam.

日本各地の農村の道端に生えている多年草。葉の裏が白いので見分けられる。八月から一〇月に目立たない小さな花をつける。

オ＝ヲ（苧）はカラムシで、昔は重要な繊維作物でした。茎の皮から丈夫な繊維が取れ、衣類、紙、漁網などに利用されました。六〇〇〇年前から栽培されていたと推定されています。

「小千谷《おぢや》縮《ちぢみ》」は、カラムシを使った織物で、「越後上布」とともに、国の重要無形文化財に指定されています。カラムシはいまでは雑草となっており、田舎に行くと、田の畦道にたくさん群生しています。東京農工大学工学部の校内にもカラムシが群生しています。これは東京高等農林学校だった頃、カラムシの繊維を研究していた名残と思われます。

カラムシの葉

シ＝ギシギシ（羊蹄）

科 タデ科
属 スイバ属

Rumex japonicus Houtt.

日本全国の道端や水辺、湿地、田のあぜなどに生える多年草。六月から八月に緑色の小さい花が咲くが目立たない。

シはギシギシの古語で、シフキ（之不岐）、シノネ（志乃禰）とも呼ばれました。シノネは之《し》の根であり、薬用（下剤）としたり、根をすりつぶして皮膚病に用いられました。

『万葉集』にただ一句だけに出てくるイチシ（伊知師）は、牧野富太郎によるとヒガンバナとされていますが、ギシギシではないかとの説があります。わが国のどこの道端にも生えているタデ科の多年生植物です。新芽や茎や葉は食用になりますが、シュウ酸をたくさん含むので、多食は健康を害します。ゆがいてシュウ酸を減らす工夫をして食用にしていました。

ギシギシの葉

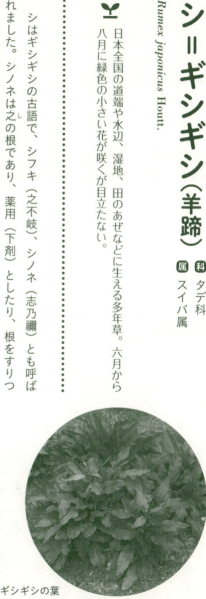

チガヤ（茅）

科 イネ科
属 チガヤ属

Imperata cylindrica (L.) P. Beauv.

日本全国の道端に生える多年草。四月から六月に白い絹のような毛が生えた円柱状の穂が出る。

チガヤは、日本では道端によく生えていて目にすることの多い雑草です。四〜六月に白い円柱状の穂が出ます。アジア、アフリカ、ヨーロッパにも広く分布し、インドネシアでは「アランアラン」、フィリピンでは「コゴン」と呼ばれ、大草原をつくる強い雑草です。

チガヤの生えていた跡地で農作物の生育が劣り、アレロパシーが強いのではないかとの懸念から、私たちは一九九六年にJICAからフィリピンに派遣されてルソン島で調査を行いました。その結果、考えていたのとは逆の結果が出ました。チガヤは定期的に刈り取れば再生力が強く優占するのですが、何もしないで放置しておくと、マメ科の植物と混生すること、そのアレロパシー活性は、タデ科・ヒユ科の雑草を阻害するが、トマト、サツマイモ、ダイズなどの作物はあま

チガヤの穂

り阻害しないことがわかりました。逆に、チガヤは地下茎の強い緊縛力で、フィリピンの土壌を構成しているたいへん崩れやすい「アルチソル」土壌を守っていました。このようなチガヤの特性から、河川堤防の法面緑化への利活用が、愛媛大学の江崎次夫教授らによって研究されました。

「ちまき」は、昔はもち米や米粉などでつくった餅をチガヤの葉で巻いたことから名づけられています。チガヤの若い花序（穂）には甘味があり、ツバナ（茅花）と称し、昔は地下茎とともに食糧にしていました。『万葉集』に「わけがため　吾が手もすまに　春の野に　抜ける茅花ぞ食して肥えませ」と紀女郎《きのいらつめ》が恋人の大伴家持に贈った歌があります。あなたは痩せているから私が摘んできたチガヤを食べて太ってくださいねという恋の歌です。

じつはチガヤはサトウキビの近縁種で、地下茎には一〇～一五％ものショ糖（砂糖）が含まれ、葉が枯れる一〇月に含量が高まります。江戸時代の飢饉時には根を食べたとの記録があります。また川柳に「つばな売り　よくよく見れば　女の子」とあり、チガヤが日常に販売されていたことがわかります。このチガヤの穂を取ってしゃぶってみるとほんのり甘味が感じられますが、甘いお菓子に慣れた現代人にはそれほど甘さを感じられないかもしれません。

チガヤの葉は屋根や蓑《みの》の材料に、根は漢方で茅根と呼び強壮剤にもなります。「蘇民将来伝説」では「茅の輪」が諸悪疫病を防いだという言い伝えがあり、現在でも全国各地の寺で「茅の輪くぐり」が行われています。この日本在来の有用植物をもっと有効利用したいものです。

ヒ＝ヒノキ（檜）

科 ヒノキ科
属 ヒノキ属

Chamaecyparis obtusa Sieb. & Zucc.

本州の福島県以南から台湾に分布する在来の針葉樹で高木になる。春に花が咲き花粉を飛散させるが花は目立たない。

ヒはヒノキで、火の木を意味し、昔はこの木をこすって火をつけたからとされます。アスナロ（翌檜）は材木としてはヒノキに劣るので、明日はヒノキになろうという意味の「アスヒ」であるとの説がありますが、牧野富太郎さんは、これは俗説であるといっています。アスナロの別名は、ヒバ（青森ヒバ）、アテ、アスヒで、林業関係では節も多くヒノキに劣ると昔は評価されました。

清少納言は『枕草子』の中で、「あすは檜の木とつけけむ。あぢきなきかねごとなりや。誰に頼めたるにかと思ふに、聞かまほしくをかし」とその名前を批判しています。松尾芭蕉も、『笈日記』に「あすは檜の木とかや、谷の老木のいへる事あり。昨日は夢と過ぎて、明日はいまだ来らず。ただ生前一樽の楽しみの外に、明日は明日はと言ひ暮して、終に賢者のそしりをうけぬ」と

ヒノキの葉

述べ、井上靖も『あすなろ物語』の題材としており、文学作品ではアスナロはヒノキになろうとしてなれない、かわいそうな木と考えられているようです。あしたがあるさ、あしたがんばろうと努力しても結局だめだということなのでしょうか。

ところがじつは逆で、アスナロのほうがヒノキよりも優れているともいえるのです。ヒノキチオール（図㉜）というヒノキの名前のつけられた芳香成分がありますが、この成分はヒノキよりもアスナロのほうに多く含まれており、材木の抗菌性ではアスナロのほうが優れています。ヒノキチオールは最初タイワンヒノキから抽出されたので、この名前がついたのですが、本来のヒノキに少ないのは皮肉です。

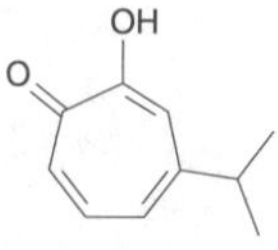

図㉜　ヒノキチオール

キ＝ネギ（葱）

科 ヒガンバナ科
属 ネギ属

Allium fistulosum L.

食用に栽培される多年草。葉ネギは春から秋に種まきし、五月から一二月まで収穫できる。根深ネギは春に定植し翌年収穫する。

キはネギの古語で、一文字でキと発音していました。それで、女房言葉（室町時代に宮中に仕える女房が使い始めた隠語であるが、上品な言葉に転じて江戸時代から現在にまで影響している）の別名を「ひともじ」と呼びました。ちなみに女房言葉の「ふたもじ」（二文字）はニラ（韮）です。ネギやニラは室町時代に上流階級でもよく食べられていた食材であったことがわかります。

ネギは日本で古くから食べられていた純日本産ハーブで薬用植物でもあります。単位面積当たりの生産量は日本が世界一であり、総生産量は中国に次いで世界二位です。体内に硫化アリルを含み、抗菌活性を持っています。

ネギをユウガオ、トマト、ナス、ホウレンソウなどと混植すると、病虫害を予防することがで

ネギ

きるので、混植栽培が行われてきました。このような組み合わせを「コンパニオンプランツ（共栄植物）」といいます。このような混植における相互作用にも天然生理活性物質によるアレロパシーが関与しています。

二文字のニラ（韮）もネギ属に属する多年草で、古くから食べられていました。古代においては「みら」と呼ばれていたのが、ニラに替わったとされます。

薤露《かいろ》の歌という、漢の時代に王侯貴人の葬送に用いられた漢詩があります。

薤上露、何易晞。露晞明朝更復落、人死一去何時帰

（薤上の露、何ぞ晞《かわ》き易《やす》き。露晞けども明朝更に復《ま》た落つ、人死して一たび去らば何《い》れの時にか帰らん）

韮の上の露は乾きやすい。しかしたとえ乾いても、明日の朝になれば、また露がおりる。しかし、人間は死んでしまえば戻ってこない、という悲しい歌です。

ニラやネギの丸い葉は「単面葉」といい、私たちが見ているネギやタマネギの葉はじつは裏側で、表は内部にあります。手の平を葉の表とし、手の甲を裏とした場合、手でものをつかもうと

して丸くすると裏が外に出るようなしくみになっています。これに関与する遺伝子については二〇一〇年に基礎生物学研究所と東京大学の共同研究で明らかにされています。ニラやハスやイネの葉の表面が水をはじきやすい秘密は、葉の表面にあるにワックスで覆われた乳頭状突起構造にあることがわかっており、「ロータス効果」*と呼ばれています。

ニラの上の露が乾きやすい原因は科学的に解明されました。しかし死んでしまった人間が戻ってこられないことは、いまでも変わっていません。

* **ロータス効果**：ハスの葉の撥水性の効果を、ハスの英語名 lotus からロータス効果と呼ぶ。ハスの葉の表面には五～一五マイクロメートルの毛状の突起物が二〇～三〇マイクロメートルの間隔でついている。この突起物が空気のクッションをつくって水滴を支え、これにより撥水性を高める。ロータス効果はバイオミメティクス（生物に学び生物を模倣すること）の成功例の一つとして知られており、塗料、屋根材、布、アルミニウムの蓋などの表面に利用されている。

長い名前の植物

いちばん長い名前の植物は、「リュウグウノオトヒメノモトユイノキリハズシ（竜宮の乙姫の元結の切り外し）」で二一文字もあります。日本全国の海岸で見られる細長い海草です。竜宮城の乙姫様の元結い（髪留め）が切り離されて流れ着いたと考えたようです。ただし、これは標準和名「アマモ（甘藻）」の別名で、これは三文字で、日本に古くからあった植物です。昔はこれに海水をそそいで乾かし、焼いて塩をとったところから、「モシオグサ（藻塩草）」とも呼ばれています。百人一首に、

来ぬ人を　まつほの浦の　夕なぎに　焼くや　藻《も》塩《しほ》の　身もこがれつつ

権中納言定家（百人一種第九七番）
『新勅撰集』巻一三・恋三・八四九

があります。掛けことばを巧妙に使った技巧的な歌です。

二番目に長いのは、シロバナヨウシュチョウセンアサガオ（白花洋種朝鮮朝顔）で一七文字です。標準和名ではこれがいちばん長い名前です。この植物は「毒草」の項で紹介ずみです。外来植物はヨウシュとかアメリカとかがつくので長い名前になりがちです。

三番目は、アサギケナガバノタチツボスミレ（浅黄毛長葉の立壺菫）とシロバナナガバノスミレサイシン（白花長葉の菫細辛）で一五文字です。どちらもスミレの仲間です。世界のスミレ属植物は四〇〇種ありますが、日本にはその一五パーセントの六〇種もあり、世界一のスミレ大国です。また、微妙な変異を識別できる愛好家がいるため長い名前があると思われます。変種や色変わりを含めると二五〇種といわれ、世界一のスミレ大国です。

コラム⑨

「やまとことば」の秘密
――日本人は短く小さいものが好き

日本語は韓国語やトルコ語に近い、世界でももっとも古い言葉のようですが、日本人の特性と同じで、常に新しいものを取り入れて進化してきた言語です。その基本になっているのが「やまとことば」で、小学校で習う漢字の「訓読み」はやまとことばです。これに対し「音読み」は、もとは中国語であった発音を取り入れたものです。漢字から「ひらかな」、「かたかな」がつくられ、現在ではひらかなは「やまとことば」を、かたかなは英語やドイツ語などから入った言葉を表すのにも使われ、わかりやすいです。

日本人は何事も小さく簡単にするのが好きな民族のようです。世界一短い詩である俳句、川柳、トランジスタ、LSI、ウォークマン、軽自動車など。これを「日本人の軽薄短小仮説」と呼びます。「軽薄短小」は日経ビジネスが一九八〇年代に使い始めたキーワードです。

逆に果物は、大きく甘くおいしく育種しています。ブドウ、イチゴ、リンゴ、ナシなど、日本で品種改良されたものが世界一大きく甘くなっています。これらは明治以降の国や県の果樹試験場、農業試験場で育成されたもので、日本が世界に誇れる優位性のある分野です。国はこのような研究投資を止めずに今後も日本の優位性を維持して欲しいものです。

植物の名前に話を戻すと、二文字の植物は古い時代に導入された重要な作物が多いです。イネ（稲）、ムギ（麦）、マメ（豆）、イモ（薯、藷）、アワ（粟）、ヒエ（稗）、ソバ（蕎麦）などの主食となる作物、ウメ（梅）、モモ（桃）、ナシ（梨）、ウリ（瓜）、ニラ（韮）、セリ（芹）、シソ（紫蘇：これはやまとことばではない）などの果樹や野菜、マツ（松）、スギ（杉）、マキ（真木）、クワ（桑）、クリ（栗）などの重要な樹木などです。

三文字の植物は比較的新しい導入作物や果樹です。リンゴ、ミカン、ブドウ、スイカ、トマト、ナスビなど。

四文字以上の植物はもっと新しく導入された植物で、ハクサイ、キャベツ、キュウリ、モロヘイヤ、ホウレンソウ、トウモロコシなどがあります。

また、一文字、二文字の「やまとことば」はもっとも重要なからだの部位を意味し、もっとも古くからあったことばと思われます。一文字には、身（み）、目（め）、手（て）、胃（い）、血（ち）、毛（け）、歯（は）、唾（き）。二文字には指（ゆび）、足（あし）、耳（みみ）、鼻（はな）、口（くち）、喉（のど）、顎（あご）、頬（ほほ）、乳（ちち）、舌（した）、胸（むね）、腹（はら）、臍（へそ）、尻（しり）、膝（ひざ）、肘（ひじ）、腿（もも）など。みみ、ほほ、ちちなど同じことばを繰り返すものは左右対称に二つあるものを意味するのが面白いです。目も二つあるので、むかしは「めめ」といったのでしょう。いまでも子供に教えるときに「おめめ」といいますね。また、木は古くは「け」と発音しており、大地に生える毛の意味であり、葉と歯も同じ起源といわれます。日本語はその起源が不明であり、孤立した言語とされます。語源がわからない言葉も多いのですが、このように短く洗練された語彙を持っていることは自慢できると思います。ひょっとすると世界でももっとも古い言語なのかもしれません。

ちなみに、英語名の正式な国名で、世界で一番短いのはJapanで、わずか五文字。国歌でいちばん短いのも日本の〈君が代〉です。国旗「日の丸」も世界でもっとも簡単で子供でもすぐ書ける旗です。しかも、一九九九年に「国旗及び国歌に関する法律」が制定されるまで日の丸の大きさはきちんと決められていない柔軟性がありました。私は研究でこれまでに世界四〇カ国を訪れましたが、海外に行けば行くほど、小さな国でシンプルに生きていこうとする日本ほど素晴らしい国はないと感じ、誇らしく思います。

2

意味不明な名前

名前の意味がまったく不明か、意味がよくわからない植物があります。しかし、このような意味不明な植物には驚くべき性質を持っているものがあります。

キソウテンガイ（奇想天外）＝ウェルウィッチア

Welwitschia mirabilis (Welm.) Hook. f.

南アフリカの砂漠に生える多年草。日本や世界の有名な植物園で栽培されている。葉はぼろぼろになって見苦しい。

科　ウェルウィッチア科
属　ウェルウィッチア属

キソウテンガイ（奇想天外）という、まことにヘンな名前の植物があります。学名をウェルウィッチアといいます。生涯に四枚の葉しか出さず、その葉がぼろぼろになりながらも、一〇〇〇年以上も砂漠で生きる奇妙奇天烈な植物です。葉がぼろぼろになって醜いことから、世界の醜い植物ナンバー4にランクされています（第2章に一位から三位を紹介しました）。

キソウテンガイの和名は一九三六（昭和一一）年にサボテン商の石田英夫氏（別の説によると石田謙六氏）が命名したとされます。一方、東京大学小石川植物園の松崎直枝氏は「サバクオモ

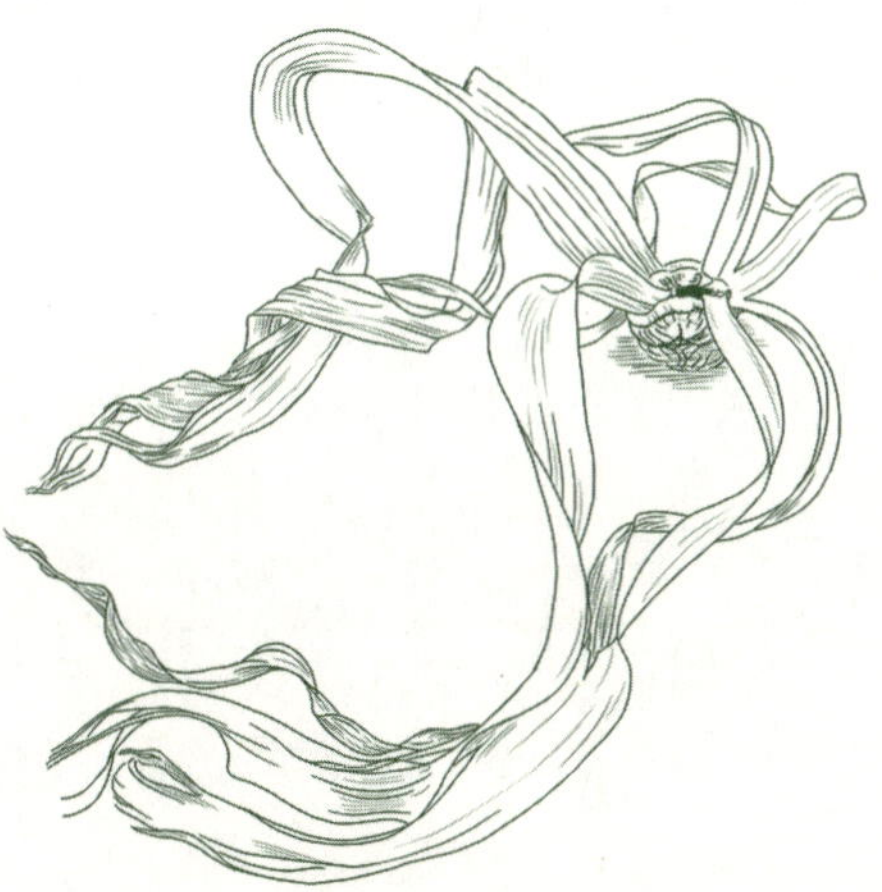

キソウテンガイ

ト（砂漠万年青）」と命名しましたがこの名は普及していません。

キソウテンガイは、〝生きている化石〟とされ、裸子植物グネツム目ウェルウィッチア科に属する一科一属一種の植物で、これに類縁の植物はまったくありません。南アフリカのナミブ砂漠に生息する貴重な植物ですが、現在ではその株が世界の植物園に分譲されて栽培されており、筑波実験植物園でも見ることができます。

葉は生涯に双葉二枚と本葉二枚の計四枚しか出さず、双葉二枚はすぐに消えて二枚の本葉だけで長い生涯を過ごします。この本葉は長生きするので、ぼろぼろになってしまい、植物とは思えない恐ろしいような奇妙な形をしています。この状態で一〇〇〇年以上も生き、古いものは二〇〇〇年も生きているといわれます。根は一〇〜二〇メートルも深く伸び砂漠の地下の水分を利用しています。裸子植物ですが、仮道管[*1]がなく、造卵器[*2]も持っていないなど被子植物に近い性質があり、裸子植物から被子植物へ変化している途上の植物と考えられています。

＊1　**仮道管**：根で吸収した水や無機塩の輸送を行う組織で、シダ植物や裸子植物は、仮道管を持つのに対し、被子植物の多くの種は道管を持っている。
＊2　**造卵器**：コケ植物、シダ植物、裸子植物などの雌性生殖器官。被子植物にはない。

この木なんの木気になる木（モンキーポッド）

科 マメ科
属 ネムノキ属

Albizia saman (Jacq.) Merr.

熱帯アメリカ原産の常緑高木。日本の植物園でも栽培されており、五月と一一月の年二回開花する。

大手電機メーカーのテレビCMで知られている「この木なんの木気になる木」は、名前も知らない木と歌われていますが、もちろん名前があり、モンキーポッドというマメ科の樹木で、ハワイの観光地にたくさん生えています。この植物は中南米原産で、ハワイでは「外来種」であり侵略的外来種とされています。

ハワイにはかわいそうな歴史があります。もともとハワイ王国という独

モンキーポッド

立国であったのに、アメリカ合衆国に武力併合され、アメリカ人以外にも日本人やアジア人もたくさん移住し、観光地化されました。ハワイで目にするブーゲンビリアやハイビスカスなどの植物もハワイ在来ではなく、ほとんどほかの地域から移植された外来種です。ハワイは人間も植物も外来種の天国の島となっています。

しかし、外来種でほんとうに在来種と置き換わってしまうのは、人間を含めた動物であり、外来植物が在来種を絶滅させた事例はほとんどありません。現在のハワイの純粋な先住民は、人口の一%以下といわれます。アメリカのネイティブアメリカンは〇・九%、オーストラリアのアボリジニは三%以下で九〇%が殺されたとされています。動物では種間競争が激しく他種を絶滅させることがありますが、植物では種間競争は激しくなく、むしろ「共生」現象が顕著で、他種の植物や動物、昆虫ともともに生きていこうとしていることが多いです。

さいごに　人を楽にする植物「ヒトラーク」

最後に、人を楽にする「ヒトラーク」というヘンな名前の植物を提案したいと思います。ヒトラークは、人間の役に立つ理想の植物を意味します。図㉝にその概念を示します。ヒトラークには次のような特長があります。

・土地の表面を被覆する力が強い。
・アレロパシー活性が高い。
・雑草を抑制する効果が高い。
・それ自身が窒素固定をしたり養分をつくり出したり、有効な形に変えたりする力がある緑肥である。
・土壌表面を覆うことから、土壌の水分を保持し、根が土を耕す。
・光合成によって酸素を発生する。
・根から出る物質が土壌中の有害物質を浄化する。

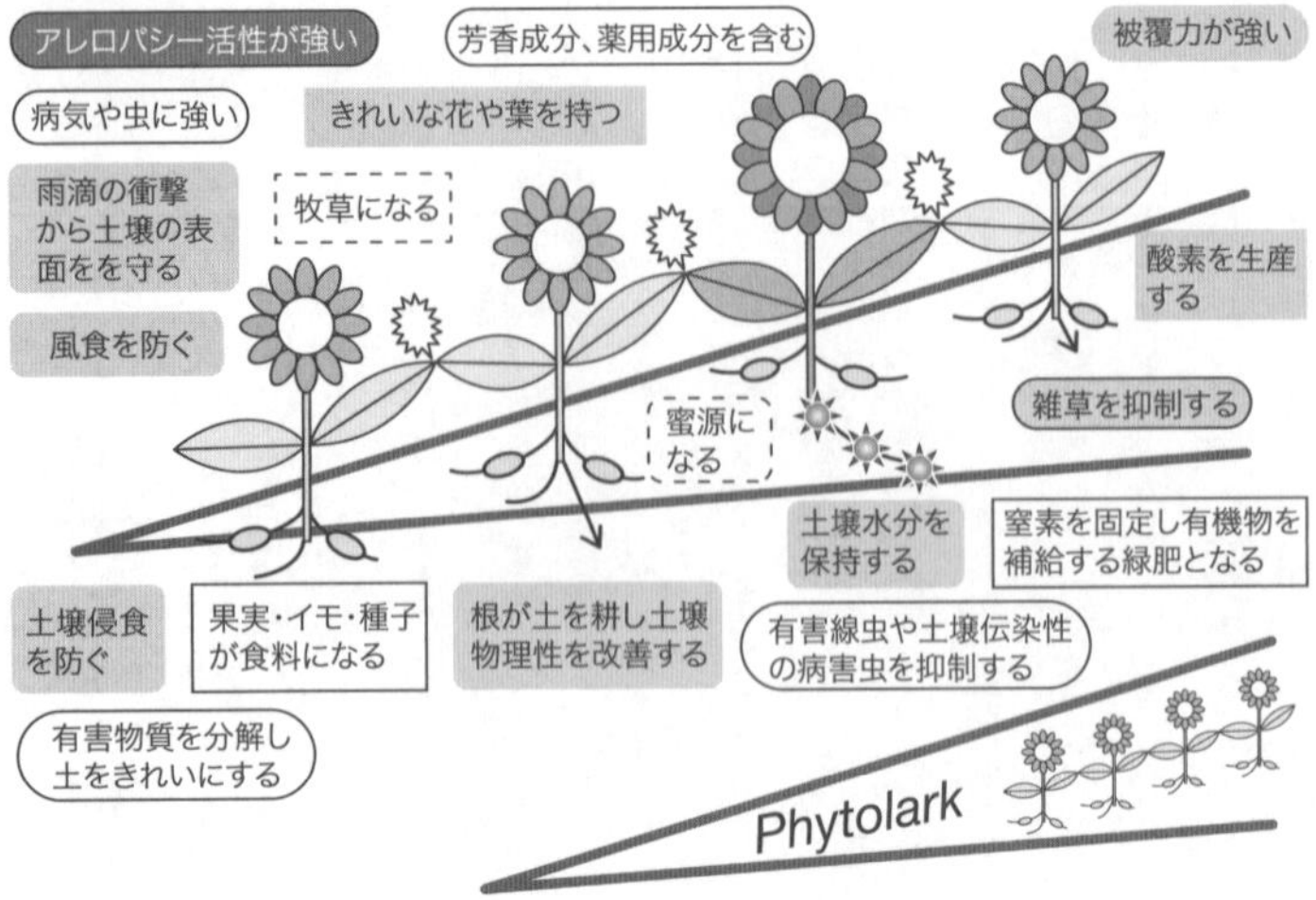

図㉝　ヒトラークの概念図

・美しい花や葉が人々の目を楽しませ、景観形成に役立つ。
・良いにおいが人々を楽しませる。
・葉や根に薬用成分を含んでいて生薬となる。
・体内にアレロケミカルを含むことで病害虫に抵抗性であり、土壌中の有害な線虫や土壌伝染性の病害を防止する効果がある。

ヒトラークはこのように理想的な植物です。このような植物は人を助け楽にするので、人楽、すなわちヒトラークと呼びたいと思います。一〇年くらい前から提案しているのですが、まったく普及していません。発音が「ヒトラー」と似ているのがよくないという意見もあります。ヒトラークを世界に広めようと、Phytolark という翻訳を考えました。phyto は「植物」の、lark は「ヒバリ」の意味もありますが、ヒバリが楽しそうにさえずるところから「楽しくする」の意味もあるので、ヒトラークを英語にも翻訳できたと考えましたが、これも普及していません。

具体的に、どのような植物がヒトラークかを紹介します。まず、私たちが研究してきた「ヘアリーベッチ」は、果樹園の下草管理や休耕地の管理、水田での無農薬無肥料栽培に利用され普及し始めています。秋に一〇アール当たり三キログラム播種するだけで初夏まで雑草を抑制でき、マメ科で窒素固定をするので肥料も節約できます。また、最近北海道や長野県で水田の畦畔管理にアップルミントを用いて雑草とカメムシの害を防ぐ「ミント米」が広がっています。また、ヒメイワダレソウ、カモミール、タイムなどのハーブ類も畦畔や法面に利用されて好評です。ほかにも、在来のヒガンバナやリュウノヒゲ、シラン、ヤブランのような、先祖が長い経験を経て選抜された植物もヒトラークとして見直して欲しいと思います。

『わら一本の革命』で有名な福岡正信さんの自然農法の秘密は、常に畑の表面を植物で覆うことにあります。イネのあとにはマメ科牧草やムギで地面を覆い、果樹園では野菜や雑草の草生とし、土の表面を常に何らかの植物で覆って、根が土を耕し、肥料になり、混植によって病害虫・雑草防除を行う巧妙な農法です。福岡さんは「自然に任せる」といっておられますが、元は農業研究者であり、長年の自然の観察から得られた科学的知識から独自にヒトラークを見いだされたと考えています。

東京都では、二〇〇一年四月から、「東京における自然の保護と回復に関する条例」を施行して、一定基準以上の敷地における新築・増改築の建物に対して、その敷地内（屋上を含む）への緑化を義務づけています。また、二〇〇四年の「都市緑地保全法」の改正により、市町村が指定した区域での大規模ビル開発などの際に、一定割合の緑化を義務づける内容が盛り込まれ、兵庫県、大阪府、京都府、埼玉県でも同様の条例が施行されています。これらの条例は都市を緑化して、ヒートアイランド現象を防止することを目的としています。このような場所でヒトラークを利用し、冷房効率を上げ、屋上の菜園で野菜や果物を自給自足したり、きれいなお花を楽しんだりすることは優雅で実用性がある趣味で、子供から高齢者まで楽しめることでしょう。

動物は食べものを自分では合成できず、植物からもらっています。ヘンな名前の植物も、なんらかの役に立っています。人類の生存は食糧の元になる植物に依存しています。森林をはぐくみ、草原を形成し、作物が栽培される「土壌」は、すべて植物の遺体から微生物などの働きによってつくられた地球にしか存在しない物質です。人間は、ヘンな植物なしには生きていけないのです。地球は一つの生命体「ガイア」であるとの仮説があります。その表面をヒトラークのような植物で覆い、植物の力で環境を浄化すること、世界中の戦場を「花畑」に変え、恨みを忘れ、争いをやめ、植物に学んで人々の心に平和の花を咲かせ、世界中の人が毎日笑って暮らせるようになることを願っています。

あとがき

この本ではヘンな名前の植物に関する小話を、好き勝手に脱線しながら紹介しました。私が一人で書いた本としては三冊目ですが、これまでの本の売れ行きからみて、この本もあまり売れるとは思えません。しかし、これまでの本が自分の研究（アレロパシー）の紹介であったのに対し、この本は面白い話題を気ままに書かせてもらった肩の凝らない本なので、ベストセラーになることを夢見ています。

紙幅の都合で今回は紹介できませんでしたが、ヘンな名前の植物はまだまだあります。タコノアシ（形が茹でたタコの足そっくりで変わっているが、植物分類学上でも変わっている珍種。自然保護の観点からも重要な在来種）、ヘビノネゴザ（金《きん》を集める植物）、オレタチ（「自分」の複数形ではなく、オレンジとカラタチの細胞融合雑種。似たものに、ポマト、ハクラン、トマピー、ピートンなどがある）、マタタビ（任侠映画とは関係がない。ネコを狂わせるフェロモン成分を持つが、人間にも強精剤として使われる）、コニシキソウ（体の大きな力士とは関係がないが、踏まれても切られても平気なスーパー雑草）、ナンジャモンジャの木（わけがわからない木のようだが、じつは名前を言うのをはばかった神聖な木）……世界四〇カ国を訪問して出会った変わった植物や、恥ずかしい名前の植物は尽きることがありません。本書がベストセラーになって続編を書ける日が来ることを願いつつ、これからも、ヘンな名前の植物道に精進したいと思います。

なお、イラストは、私とよく似た名前の愚息（素晴：素晴らしい人になってほしいと名づけたが、自分の名前と見分けがつきにくく困っている、自分にとってヘンな名前）に、本が売れたら原稿料を山分けするからと誘い、叱咤激励して土日を利用して描いてもらいましたが、まったく徒労に終わったかもしれないことをこの場で詫びておきます。

最後に、この本の企画から完成まで、全面的にお世話になりました、化学同人編集部の津留貴彰さんに厚く感謝いたします。執筆を励ましていただいただけでなく、きわどい表現や不適切な表現を上品なものに変える貴重なご意見をいただき、なんとかこの本が出版できることになりましたのは、すべて津留さんのおかげと感謝しております。

藤井　義晴

参考文献

●単行本など

有田博之・藤井義晴編著『畦畔と圃場に生かすグラウンドカバープランツ』農文協（一九九八）
井上靖『あすなろ物語』新潮文庫（一九五八）
入江相政『宮中侍従物語』角川文庫（一九八五）
梅原猛『湖の伝説─画家三橋節子の愛と死』新潮文庫（一九八四）
岡本信人『道草を喰う』ぶんか社文庫（二〇一〇）、49〜52ページ
小沢知雄・近藤三雄『グラウンドカバープランツ─地被植物による緑化ハンドブック』誠文堂新光社（一九八七）
神谷美恵子『生きがいについて』みすず書房（一九六六）
亀田龍吉『由来がわかる山野草の呼び名事典』世界文化社（二〇一五）
シェイクスピア『マクベス』（福田恆存 訳）新潮文庫（一九六九）
シェイクスピア『ハムレット』（福田恆存 訳）新潮文庫（一九六七）
シェイクスピア『ヴェニスの商人』（福田恆存 訳）新潮文庫（一九六七）
シェイクスピア『リア王』（福田恆存 訳）新潮文庫（一九六七）
シェイクスピア『ロミオとジュリエット』（福田恆存 訳）新潮文庫（一九五一）
清少納言『枕草子』（池田亀鑑校訂）岩波文庫（一九六二）

リチャード・ドーキンス『利己的な遺伝子』（日高敏隆ほか訳）紀伊國屋書店（一九九一）
中村浩『植物名の由来』東京書籍（一九九八）
中尾佐助『栽培植物と農耕の起源』岩波新書（一九六六）
梨木香歩『西の魔女が死んだ』新潮文庫（二〇〇一）
樋口清之『梅干しと日本刀』祥伝社（一九七四）
福岡正信『自然農法わら一本の革命』春秋社（一九八三）
藤井義晴『アレロパシー―他感物質の作用と利用』農文協（二〇〇〇）
藤井義晴『植物たちの静かな戦い―化学物質があやつる生存競争』化学同人（二〇一六）
ブッダ『スッタニパータ　ブッダのことば』（中村元 訳）岩波文庫（一九八四）
星野富弘『かぎりなくやさしい花々』偕成社（一九八六）
牧野富太郎『原色牧野日本植物図鑑Ⅰ』北隆館（一九八六）
牧野富太郎『原色牧野日本植物図鑑Ⅱ』北隆館（一九八六）
牧野富太郎『原色牧野日本植物図鑑Ⅲ』北隆館（一九八六）
フランソワ・ラブレー『ガルガンチュワ物語』（渡辺一夫 訳）岩波文庫（一九七三）
Tilman, D. *Resource competition and community structure*. Princeton University Press (1982).
Wong, K.「ネアンデルタール人の知性」『日経サイエンス』（二〇一五年六月号）、56～63ページ

●論文など

Araya, H., Otaka, J., Nishihara, E. & Fujii, Y. First isolation and identification of salicylate from Betula grossa var. ulmifolia-A potent root growth inhibitor, *Allelopathy Journal*, **30**(1), 153-158 (2012).
藤井義晴「アレロパシーの強い被覆植物「Phytolark」の提案」『農業電化』, **64**(**2**), 23-27 (2011).
Ishii, T., Aketa, T., Motosugi, H. & Cruz, A.F. Mycorrhizal development in a chestnut orchard introduced

by a sod culture system with *Vulpia myuros* L. C. C. GMEL. ISHS Acta Horticulturae 767: XXVII International Horticultural Congress-IHC2006: International Symposium on Sustainability through Integrated and Organic Horticulture (2006).

駒井功一郎・大森悟史・濱田昌之「含イオウイリドイド配糖体，Paederoside の生理活性」『雑草研究』(別号，講演会講演要旨)，**31**，172–173 (1992).

Mishyna, M., Laman, N., Prokhorov, V. & Fujii, Y. Angelicin as the principal allelochemical in Heracleum sosnowskyi fruit, *Natural Product Communications*, **10**, 767–770 (2015).

Mishyna, M., Laman, N., Prokhorov, V., Maninang, J. S. & Fujii, Y. Identification of octanal as plant growth inhibitory volatile compound released from Heracleum sosnowskyi fruit, *Natural Product Communications*, **10**, 771–774 (2015).

Mishyna, M., Phan, V. T. T. & Fujii, Y. Evaluation of allelopathic activity of Heracleum sosnowskyi fruits, *Allelopathy Journal*, **42**, 169–172 (2017).

Shirasu, M. et al., Chemical Identity of a rotting animal-like odor emitted from the influorescens of the Titan Arum (*Amorphophallus titanium*), *Bioscience*, *Biotechnology*, *and Biochemistry*, **74**, 2550–2554 (2010).

須藤祐子・小笠原勝・西尾孝佳・一前宣正「舗装道路内の間隙に形成される雑草植生」『雑草研究』，**49**(**1**)，8–14 (2004).

Sugiyama, Y., Group composition, population density and some sociological observations of Hanuman langurs (*Presbytis entellus*). *Primates*, **5**(**3–4**)，7–37 (1964).

田場聡・澤田寿里・島袋由乃・諸見里善一「サツマイモネコブセンチュウに対するアワユキセンダングサ (*Bidens pilosa* L. var. *radiata* Scherff) 抽出液の防除効果と寄主植物に及ぼす影響」『日本線虫学会誌』，**38**(**2**)，79–87 (2008).

Tilman, D., May, R. M., Lehman C. L. & Nowak M. A., Habitat destruction and the extinction debt. *Nature*, **371**, 65–66 (1994).

ヨメゴロシ〔嫁殺し〕→ヒョウタンボク
ヨメノナミダ〔嫁の涙〕→ハナイカダ
ラフレシア　*Rafflesia arnoldii* R. Br.　70
リュウキュウアイ〔琉球藍〕　*Strobilanthes cusia* (Nees), Kuntze　27
リュウグウノオトヒメノモトユイノキリハズシ〔竜宮の乙姫の元結の切り外し〕
→アマモ
リュウゼツラン〔竜舌蘭〕　*Agave americana* L. f. *marginata* Hort.　109
ルリカラクサ〔瑠璃唐草〕→オオイヌノフグリ
ワスレナグサ〔勿忘草〕　*Myosotis scorpioides* L.　187

ヘアリーベッチ	*Vicia villosa* Roth	227
ヘクソカズラ〔屁屎葛〕	*Paedria scandens* (Lour.) Mwrrill	21
ベジタブル・シープ	*Raoulia eximia* Hook. f.	71
ベニバナボロギク〔紅花襤褸菊〕	*Crassocephalum crepidioides* (Benth.) S. Moore	130
ヘビイチゴ〔蛇苺〕	*Potentilla hebiichigo* Yonek. et H. Ohashi	75
ぺんぺん草→ナズナ		
ホシノヒトミ〔星の瞳〕→オオイヌノフグリ		
ボロギク〔襤褸菊〕	*Nemosenecio nikoensis* (Miq.) B. Nord	130

【ま行】

マツバボタン〔松葉牡丹〕	*Portulaca grandiflora* Hook.	52, 152
ママコノシリヌグイ〔継子の尻拭い〕	*Persicaria senticosa* (Meisn.) H. Gross	105
マメザヤタケ〔豆莢茸〕	*Xylaria polymorpha* (Pers.) Grev.	71
マンダラゲ〔曼陀羅華〕→チョウセンアサガオ		
ミズバショウ〔水芭蕉〕	*Lysichitum camtschatcense* (L.) Schott	70
ムカデシバ〔百足芝〕	*Eremochloa ophiuroides* (Munro) Hack.	182
ムシトリナデシコ〔虫取り撫子〕	*Silene armeria* L.	37
ムラサキチョウマメモドキ〔紫蝶豆擬〕	*Centrosema pubescens* Benth.	65
モンキーポッド	*Albizia saman* (Jacq.) Merr.	223

【や行・ら行・わ行】

ヤブガラシ〔藪枯〕	*Cayratia japonica* (Thunb.) Gagnep	128
ヤブジラミ〔藪虱〕	*Torilis japonica* (Houtt.) DC.	178
ユウナ〔右納〕→オオハマボウ		
ユキヤナギ〔雪柳〕	*Spirae thunbergii* Sieb. ex Blume	188
ユリ〔百合〕	*Lilium* sp. L.	28

ハッショウマメ〔八升豆〕	*Mucuna pruriens* (L.) DC. var. *utils* (Wall. Ex Wight) Baker ex Burck	59, 193
ハナイカダ〔花筏〕	*Helwingia japonica* Dietr.	113
ハマタイセイ〔浜大青〕	*Isatis tinctoria* L.	27
ハヤトウリ〔隼人瓜〕	*Sechium edule* Swartz	88
バライチゴ〔薔薇苺〕	*Rubus illecebrosus* Focke	75
ハルジオン〔春紫苑〕	*Erigeron philadelphicus* L.	125
ヒ（ヒノキ）〔檜〕	*Chamaecyparis obtusa* (Sieb. et Zucc.) Endl.	212
ヒカゲイノコヅチ〔日陰猪子槌〕	*Achyranthes bidentata* var. *japonica* Miq.	122
ヒガンバナ〔彼岸花〕	*Lycoris radiata* Herb.	135
ヒナタイノコヅチ〔日向猪子槌〕	*Achyranthes bidentata* var. *fauriei* (H. L é. et Vaniot)	122
ヒマラヤダイオウ〔喜馬拉耶大黄〕	*Pheum nobile* Hook. f. & Thomson	44
ヒマラヤの青いケシ	*Meconopsis betonicifolia* Franch	44
ヒメコバンソウ〔姫小判〕	*Briza minor* L.	200
ヒメジョオン〔姫女菀〕	*Erigeron annuus* (L.) Pers.	125
ヒョウタンボク〔瓢箪木〕	*Lonicera tschonoskii* Maxim.	112
ビンボウカズラ〔貧乏葛〕→ヤブガラシ		
フォックスフェイス→ツノナス		
フキ〔蕗〕	*Petasites japonicus* (Siebold et Zucc.) Maxim.	107
フキザクラ〔蕗櫻〕→シネラリア		
ブタクサ〔豚草〕	*Ambrosia artemisiifolia* L.	171
ブタノマンジュウ〔豚の饅頭〕→シクラメン		
フッキソウ〔富貴草〕	*Pachysandra terminalis* Siebold et Zucc.	196
ブナ〔山毛欅、橅、椈、柏〕	*Fagus crenata* Blume	92
プヤ・ライモンディ	*Puya raimondii* Harms	70
ブルーベリー	*Vaccinum* sp.	44

ナガエコミカンソウ〔長柄小蜜柑草〕	*Phyllanthus tenellus* Roxb.	185
ナギ〔梛、椥、竹柏〕	*Nageia nagi* (Thunb.) Kuntze〔シノニム：*Podocarpus nagi* (Thunberg) Zollinger & Moritzi ex Makino〕	54
ナギイカダ〔梛筏〕	*Ruscus aculeatus* L.	113
ナズナ〔薺〕	*Capsella bursa-pastoris* (L.) Medik.	126
ナルトサワギク〔鳴門沢菊〕	*Senecio madagascariensis* Poiret.	130
ニホンサクラソウ〔日本桜草〕→サクラソウ		
ニラ〔韮〕	*Allium tuberosum* Rottler ex Spreng.	215
ニワゼキショウ〔庭石菖〕	*Sisyrinchium rosulatum* E. P. Bicknell	89
ニワホコリ〔庭埃〕	*Eragrostis Pilosa* (L.) Beauv.	33
ヌスビトハギ〔盗人萩〕の類	*Desmodium* sp.	115
ネコジャラシ→エノコログサ		
ネコノメソウ〔猫の目草〕	*Chrysosplenium grayanum* Maxim.	174
ネコヤナギ〔猫柳〕	*Salix gracilistyla* Miq.	175
ノボロギク〔野襤褸菊〕	*Senecio vulgaris* L.	130
ノミトリギク〔蚤取菊〕	*Chrysanthemum cinerariaefolium* Boccone	181
ノミノツヅリ〔蚤の綴り〕	*Arenaria serpyllifolia* L.	181
ノミノフスマ〔蚤の衾〕	*Stellaria uliginosa* Murray var. *undulata* (Thunb.) Fenz	181

【は行】

パイナップル	*Ananas comosus* (L.) Merr.	53
ハエドクソウ〔蠅毒草〕	*Phryma leptostachya* L. subsp. *asiatica* (H. Hara) Kitam.	157
ハエトリナデシコ→ムシトリナデシコ		
バカナス〔馬鹿茄子〕→イヌホオズキ		
ハキダメギク〔掃溜菊〕	*Galinssago quadriradiata* Ruiz et Pav.	30

セイヨウサクラソウ（クリンソウ）〔西洋桜草〕	*Primula x polyantha* Hort. Ex L. H. Bailey	41
センダングサ〔栴檀草〕の類	*Bidens* sp.	120
センチピードグラス→ムカデシバ		
ソバ〔蕎麦〕	*Fagopyrum esculentum* Moench	28, 218

【た行】

タイセイ〔大青〕	*Isatis indigotica* Fortune	27
タケニグサ〔竹似草、竹煮草〕	*Macleaya cordata* (Willd.) R. Br.	81
タチアワユキセンダングサ〔立泡雪栴檀草〕	*Bidens pilosa* L. var. *radiata* Sch. Bip.	121
タワラムギ〔俵麦〕→コバンソウ		
ダンドボロギク〔檀度襤褸菊〕	*Erechtites hieracifolia* (L.) Raf. ex DC.	130
チ（チガヤ）〔茅〕	*Imperata cylindrica* (L.) P. Beauv.	210
チチウリ（パパイヤ）〔乳瓜〕	*Carica papaya* L.	83
チャボウシノシッペイ〔矮鶏牛の竹篦〕→ムカデシバ		
チョウセンアサガオ〔朝鮮朝顔〕	*Datura metel* L.	87
チョウセンアヤメ〔朝鮮菖蒲〕→ニワゼキショウ		
チョウマメ〔蝶豆〕	*Clitoria ternatea* L.	65
チョウマメノキ〔蝶豆木〕	*Clitoria racemosa* Benth.	65
チョコレートコスモス	*Cosmos atrosanguineus* (Hook.) Voss	38
ツノナス〔角茄子〕	*Solanum mammosum* L.	79
テフ	*Eragrostis tef* (Zuccagni) Trotter	33
テンニンカラクサ〔天人唐草〕→イヌノフグリ		
トウシキミ〔唐樒〕	*Illicium verum* Hook. f.	97
トキワザクラ〔常盤桜〕	*Primula obconica* Hance	42
ドクウツギ〔毒空木〕	*Coriaria japonica* A. Gray	156
ドクゼリ〔毒芹〕	*Cicuta virosa* L.	155
ドクダミ〔毒矯〕	*Houttuynia cordata* Thunb.	158

【な行】

サヤヌカグサ〔鞘糠草〕 *Leersia sayanuka* Ohwi 57
サルノキンタマ〔猿の金玉〕→イヌマキ
サワギク〔沢菊〕→ボロギク
サンコタケ〔三鈷茸〕 *Pseudocolus fusiformis* (E. Fisch.) Lloyd 71
シ（ギシギシ）〔羊蹄〕 *Rumex japonicus* Houtt. 209
シキミ〔樒、櫁、梻〕 *Illicium anisatum* L. 95
シクラメン *Cyclamen persicum* Mill. 142
ジゴクノカマノフタ〔地獄の釜の蓋〕→キランソウ
シソ〔紫蘇〕 *Perilla frutescens* (L.) Britton var. *crispa* (Thunb.) H. Deane 207
シナダレスズメガヤ〔撓垂雀萱〕 *Eragrostis curvula* (Schrad.) Nees 40
シネラリア *Pericallis hybrida* B. Nord. 144
シャミセングサ〔三味線草〕→ナズナ
ショクダイオオコンニャク〔燭台大蒟蒻〕 *Amorphophallus titanium* (Beccari) ex Arcang 69
ショクヨウガヤツリ〔食用蚊帳釣〕 *Cyperus esculentus* L. 2
ジョチュウギク〔除虫菊〕→ノミトリギク
シロバナセンダングサ〔白花栴檀草〕→コシロノセンダングサ
シロバナナガバノスミレサイシン〔白花長葉の菫細辛〕 *Viola bissetii* Maxim. f. *albiflora* Nakai ex Maekawa 217
シロバナヨウシュチョウセンアサガオ〔白花洋種朝鮮朝顔〕 *Datura stramonium* L. 217
スズガヤ〔鈴萱〕→ヒメコバンソウ
スベリヒユ〔滑莧〕 *Portulaca oleracea* L. 151
スマトラオオコンニャク→ショクダイオオコンニャク
セイヨウウスユキソウ〔西洋薄雪草〕 *Leontopodium alpinum* Cass. 43

キツネノボタン〔狐の牡丹〕	*Ranunculus silerifolius* H. Lév.	177
キツネノマゴ〔狐の孫〕	*Justicia procumbens* L.	176
キバナコスモス	*Cosmos sulphureus* Cav.	38
キハマスゲ〔黄浜菅〕→ショクヨウガヤツリ		
キュウリグサ〔胡瓜草〕	*Trigonotis peduncularis* (Trevir.) Benth. ex Hemsl.	186
キョウチクトウ〔夾竹桃〕	*Nerium oleander* L. var. indicum (Mill.) O. Deg. et Greenwell	161
キランソウ〔金瘡小草〕	*Ajuga decumbens* Thumb.	149
クサイチゴ〔草苺〕	*Rubus hirsutus* Thunb.	75
クサギ〔臭木〕	*Clerodendrum trichotomum* Thunb.	29
クズ〔葛〕	*Pueraria lobata* Ohwi	98
クソニンジン〔糞人参〕	*Artemisia annua* L.	29
クマコケモモ〔熊苔桃〕	*Arctostaphylos uva-ursi* (L.) Spreng.	44
クリ〔栗〕	*Castanea crenata* Sieb. et Zucc.	53, 55
クワ〔桑〕	*Morus bombycis* Koidz.	84
ケチョウセンアサガオ〔毛朝鮮朝顔〕	*Datura inoxia* Mill.	89
コシロノセンダングサ〔小白の栴檀草〕	*Bidens pilosa* L. var. *minor* (Blume) Sherff	120
コケモモ〔苔桃〕	*Vaccinium vitis-idaea* L.	44
コゴメギク〔小米菊〕	*Galinsoga parviflora* Cay.	31
コスモス	*Cosmos bipinnatus* Cav.	38
コセンダングサ〔小栴檀草〕	*Bidens pilosa* L. var. pilosa	120
コバンソウ〔小判草〕	*Briza maxima* L.	200
コミカンソウ〔小蜜柑草〕	*Phyllanthus urinaria* L.	81, 185
コンニャク〔蒟蒻、菎蒻〕	*Amorphophallus konjac* K. Koch	67

【さ行】

サクラソウ〔桜草〕	*Primula sieboldii* E. Morren	41
ザクロ〔石榴、柘榴、若榴〕	*Punica granatum* L.	198

オトメザクラ〔乙女桜〕	*Primula malacoides* Franch.	41
オナモミ〔葈耳、巻耳〕	*Xanthium strumarium* L	118
オニノヤガラ〔鬼の矢柄〕	*Gustrodia elata* Blume	115
オバケコンニャク→ショクダイオオコンニャク		
オミナエシ〔女郎花〕	*Patrinia scabiosifolia* Fisch. ex Trevir.	28
オランダイチゴ〔阿蘭陀苺〕	*Fragaria* x *ananassa* Duchesne ex Rozier	75
オランダナデシコ〔阿蘭陀撫子〕→カーネーション		

【か行】

カーネーション	*Dianthus caryophyllus* L.	37
ガガイモ〔蘿藦〕	*Metaplexis japonica* (Thunb.) Makino	81
カガリビバナ〔篝火花〕→シクラメン		
カゼクサ〔風草〕	*Eragrostis ferruginea* (Thunb.) P. Beauv.	33
カナリアナス〔金糸雀茄子〕→ツノナス		
カノコソウ〔鹿の子草〕	*Valeriana fauriei* Briq.	201
カワラナデシコ〔河原撫子〕	*Dianthus superbus* L. var. *longicalycinus* (Maxim.) F. N. Williams	35
キ（ネギ）〔葱〕	*Allium fistulosum* L.	214
キカシグサ	*Rotala indica* (Willd.) Koehne	180
キキョウ〔桔梗〕	*Platycodon grandiflorus* (Jacq). A. DC.	81
キシュウスズメノヒエ〔紀州雀稗〕	*Paspalum distichum* L.	56
キソウテンガイ〔奇想天外〕→ウェルウィッチア		
キチガイナスビ→チョウセンアサガオ		
吉祥果→ザクロ		
キチジョウソウ〔吉祥草〕	*Reineckea carnea* (Andrews.) Kunth.	197
キッソウ〔吉草、纈草〕→カノコソウ		
キツネナス〔狐茄子〕→ツノナス		
キツネノカミソリ〔狐の剃刀〕	*Lycoris sanguinea* Maxim.	177

イヌビエ〔犬稗〕	*Echinochloa crus-galli* (L.) Beauv. var. *caudata*	173
イヌビユ〔犬莧〕	*Amaranthus blitum* L.〔シノニム：*Amaranthus lividus* L.〕	172
イヌホオズキ〔犬酸漿〕	*Solanum nigrum* L.	87
イヌマキ〔犬真木〕	*Podocarpus macrophyllus* (Thunb.) D. Don	53
イボクサ〔疣草〕	*Murdannia keisak* (Hassk.) Hand. -Mazz.	58
インドキアイ〔印度木藍〕	*Indigofera suffruticosa* Mill.	27
ウィーピングラブグラス→シナダレスズメガヤ		
ウェルウィッチア	*Welwitschia mirabilis* (Welm.) Hook. f.	221
ウマノオコワ〔馬の御強〕→クズ		
ウマノボタモチ〔馬の牡丹餅〕→クズ		
恨み草→クズ		
ウワウルシ→クマコケモモ		
エ（エゴマ）〔荏（荏胡麻）〕	*Perilla frutescens* (L.) Britton	207
エーデルワイス→セイヨウウスユキソウ		
エゾノサヤヌカグサ〔蝦夷鞘糠草〕	*Leersia oryzoides* (L.) Sw.	57
エノコログサ〔狗尾草〕	*Setaria viridis* (L.) P. Beauv	33, 174
オ＝ヲ（カラムシ）〔苧麻〕	*Boehmeria nivea* (L.) Gaudich. var. *nipononivea* (Koidz.) Kitam.	208
オオイヌノフグリ〔大犬の陰嚢〕	*Veronica persica* Poiret	47
オオオナモミ〔大葈耳、大巻耳〕	*Xanthium occidentale* Bertol.	118
オオキンケイギク〔大金鶏菊〕	*Coreopsis lanceolate* L.	39
オオゼリ〔大芹〕→ドクゼリ		
オオハナウド〔大花独活〕の類	*Heracleum* sp.	163
オオハマボウ〔大浜朴〕	*Hibiscus tiliaceus* L.	107
オオハルシャギク→コスモス		
オオブタクサ〔大豚草〕	*Ambrosia trifida* L.	165, 171

ヘンな名前の植物一覧

本書で取り上げた植物の、和名〔漢字表記〕、学名、掲載ページをまとめた。

【あ行】

アイ〔藍〕	*Persicaria tinctoria* (Aiton) Spach	27
アキザクラ〔秋桜〕→コスモス		
アキノノゲシ〔秋の野芥子〕	*Lactuca indica* L. var. *laciniata* Hara	81
悪魔の手	*Clathrus archeri* (Berk.) Dring	71
アサギケナガバノタチツボスミレ〔浅黄毛長葉の立壷菫〕	*Viola ovato-oblonga* (Miq.) Makino f. *luteoviridiflora* (Araki) F. Maek.	217
アシ〔葦〕	*Phragmites australis* (Cav.) Trin. ex Steud.	145
アシカキ〔足掻〕	*Lersia japonica* Makino	56
アズサ〔梓〕	*Betula grossa* Sieb. et Zucc.	28
アスナロ〔翌檜〕	*Thujopsis dolabrata* (Thunb. Ex L. f.) Sieb. et Zucc.	212
アセビ〔馬酔木〕	*Pieris japonica* (Thunb.) D. Don ex G. Don subsp. *japonica*	167
アマモ〔甘藻〕	*Zostera marina* L.	217
アメリカセンダングサ〔亜米利加栴檀草〕	*Bidens frondosa* L.	120
アレチヌスビトハギ〔荒地盗人萩〕の類	*Desmodium* sp.	115
イ（イグサ）〔藺〕	*Juncus decipens* (Buchen.) Nakai	205
イチョウ〔銀杏〕	*Ginkgo biloba* L.	60
イヌノフグリ〔犬の陰嚢〕	*Veronica polita* Fr. var. *lilacina* (T. Yamaz.) T. Yamaz.	47

藤井　義晴（ふじい・よしはる）

1955年、兵庫県生まれ。京都大学農学部卒業。京都大学大学院農学研究科博士課程中退。農林水産省農業技術研究所、農業環境技術研究所、四国農業試験場、独立行政法人農業環境技術研究所などを経て、現在、東京農工大学大学院教授。農学府国際環境農学専攻国際生物生産資源学教育研究分野、生物システム応用科学府併任。博士（農学、京都大学）。専門は他感作用（アレロパシー）。他感作用の強い植物を探索し農業や環境に役立てる研究を行っている。
著書に『植物たちの静かな戦い』（化学同人）、『アレロパシー』（農文協）などがある。

ヘンな名前の植物——ヘクソカズラは本当にくさいのか

2019年4月30日　第1刷　発行

著　者　藤井　義晴
発行者　曽根　良介

発行所　㈱化学同人
〒600-8074　京都市下京区仏光寺通柳馬場西入ル
編集部　TEL　075-352-3711　FAX　075-352-0371
営業部　TEL　075-352-3373　FAX　075-351-8301
振　替　01010-7-5702
E-mail　webmaster@kagakudojin.co.jp
URL　https://www.kagakudojin.co.jp

検印廃止

乱丁·落丁本は送料小社負担にてお取りかえします。

印刷・製本　創栄図書印刷㈱

ISBN978-4-7598-1989-2